中國獸醫藥叢書 1

動物疾病治療驗方

馬篇

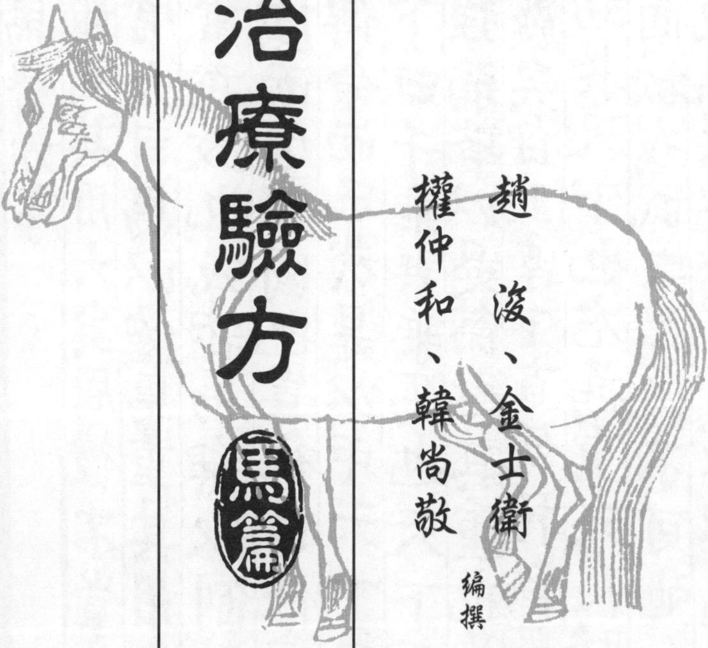

趙浚、金士衛
權仲和、韓尚敬 編撰

文興出版事業

新編集成馬醫方序

馬之於天地間其用大矣周禮不掌於獸人目夏官大司馬以總馬重其用也盖國之大事戎政也戎非馬無以制敵挫變奮武威而安邦國也豈徒曰任重致遠置郵傳命而已哉是以甲天下曰萬乘貳天下曰千乘乘乘馬也天下國家之大小強弱皆以是第之其重也為何如騄服廢矣自上達下直便於鞍馬之歸其有功於天下也尤為重夫良駿之蹄世所同欲戎武之備國不可弛人之求之也飢渴不足踰前也意亦血氣耳

或勞逸之不中其體或水草之不適其宜一有病蔫遂委於無知賤隸之手其愈也幸耳非其巧也便稱之曰獸醫彼不知經孫絡敢望其明俞穴審藥性以適其病也耶嗚呼誣針妄藥幾喪奇毛非徒害命抑亦傷財古人譏其不智有曰如庸醫之治良馬信乎其不智且不仁也左政丞平壤伯趙公浚右政丞上洛伯金公士衡體

上至仁當醫國壽民之餘推廣是心以及於物乃與醴泉伯權公仲和西原君韓公

尚敬等撰集馬方於是經以伯樂之經緯以元朝之訣摭諸書可效之方採東人已試之術以成是編鏤梓周流與三韓廣開耳目庶幾隨病得方因方下手使有牲無言之類獲免札瘥以保其生費錢豢養之家不失其利以期其用始于一時終之百世豈不萬萬有利於大東家國也哉子孟氏云仁民而愛物於我公幸親見之建文元年蒼龍己卯仲呂既望奉列大夫典醫少監知濟生院事南陽房士良序

新編集成馬醫方目録

五臟汗

五臟黃

諸黃門

肘黃　內黃　內外黃　外黃

節黃　蹄黃　膝黃　地黃

諸脹門

傷飽　中穀　脹瀉

誤食毒物　极腸　系糞

大小便不通　赤白濁　尿血

骨脹門

新編集成馬醫方目錄終

點痛論

仰頭點膊尖痛平頭點下欄痛偏頭點乘重痛低頭點天臼痛難移前脚搶風痛蹄尖着地掌骨痛驀地點脚攢筋痛處行不地漏蹄痛垂蹄點蹄尖痛懸蹄點蹄心痛直腿行膝上痛曲腿行節上痛胃頭點脚搶風頭痛仰頭不動蹄頭痛下坡斜走胸膈痛平道竊道蹄薄痛向裏蹉外跟痛向外蹉裏跟痛點頭行脚上痛擺頭行膊上痛拖脚行鴈趂掠草痛洩脚行燕子毛胃痛壓脚行鵝鼻曲尺痛

束脚行肺把五攢痛並脚行膀骨痛直脚行
濕氣痛蹲腰行羅翅痛吊腰行脊筋痛收腰
不起內腎痛難移後脚腎經痛咬齒低頭心
經痛喘息不調肺經痛急起急卧脾經痛口
吐清涎膽經痛跑胸咬臆膓結痛蹲腰踏地
跑轉痛把前把後傳經痛腸鳴泄瀉冷氣痛
直尾行大腸痛捲尾行小腸痛不便淋瀝胞
經痛一卧不起筋骨痛　四十五點有如斯
標李心肝脾肺腎五行相克與相生飢飽風
寒勞役甚驅馳飲喂失調感損閃傷寒熱併

嗚呼瘖瘂不能言醫者留心仔細認

薑芽論

薑芽者燔氣攻心也皆曰料後飲水太過水穀捐併傷於脾胃胃火微弱陰氣生而傳入心經心傳於肺肺氣燔盛攻之於鼻者肺之竅也氣血相凝積於準頭發生病胃有似生薑芽萌而發也令馬連連卧地鼻頭拱地治法割斷薑穴鍼三江穴徹蹄頭穴順氣散灌之調理不住騎走或溺或瀉通利矣

順氣散　陳橘皮　青橘皮　檳榔

厚朴 桂心 細辛 當歸 茴香
白芷 木通 砂仁 甘草
右件為末每服二兩飛塩三錢細切葱三
枝苦酒一升同煎三沸湿灌

混睛虫論

混睛虫者疫氣化生也皆曰三秋月令癉疫
遍蔭之之期新駒幼馬五更放於郊其郊中
棘刺刺中蛛網網中露水誤入其目感天地
之霧氣受蜘蛛之之精水陰陽交混變化而成
虫矣在於五輪之一內往来不住遊走令馬睛

生瞖膜黑白不分凡治白睛近下黑睛近上兩燕中心是開天穴醫家用線纏定白鍼尖一分左手睜開馬眼右手持鍼於開天穴上輕手急鍼一分血隨水出便見其工

胡骨把胯論

胡骨把胯者一名腰腿風也皆因傷肥肉重多餵小騎穀料熱毒聚於臟內疲瘦壅血積滯胸中三焦壅極熱盛而生風也令馬左癱右瘓四足拳攣卧地不起氣促喘麄此謂風癱之證也其疾勢大者無方治之疾勢小者

麒麟竭散灌之

麒麟竭散　沒藥　當歸　白朮　木通
茴香　巴戟　麒麟竭　藁本　牽牛
胡盧巴　破故芷　川練子
已上各等分為末每服一兩苦酒一盞同
煎三沸温灌之

察口色論

春者肝旺也甲乙當令凡口中之色鮮明光
潤如桃者平白者病紅者和黄者生黑者色
青者死桃者桃花之色夏者心旺也丙丁當令凡口

中之色鮮明光潤如蓮者平黑者病黃者和白者生赤者危紫者死蓮者蓮花之色秋者肺旺也庚辛當令凡口中之色鮮明光潤如桃者平青者病黃者和紅者生白者危黑者死冬者腎旺也壬癸當令凡口中之色鮮明光潤如桃者平白者病紅者和黃者生青者危黑者死

十八大病

心肺壅極攻成抽腎百脉閉塞欲作心黃血瘀不通多成黑汗風擬四肢入脊爲病胞轉

不正腸必八陰咳嗌喘急變成瘖癀傷料過
度變作腸黃盛飢餓急多作後結飽後失水
遂成前結曾吃沙石多患木胃頰類錯喉水
驟自併跪地觀腹腸中必痛熱盛喘鹿肝肺
氣塞傷肥肉重變作腰腿胸膈熱毒額中發
瘡久濕飲濁膀胱積水臟冷氣虛腸鳴女露
伏之積熱腦黃病起

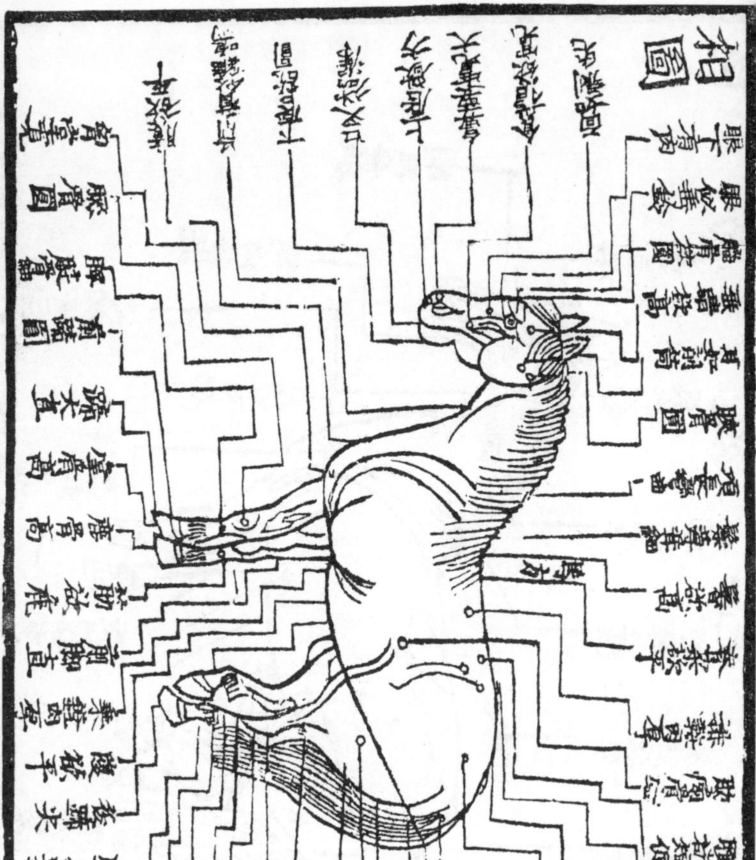

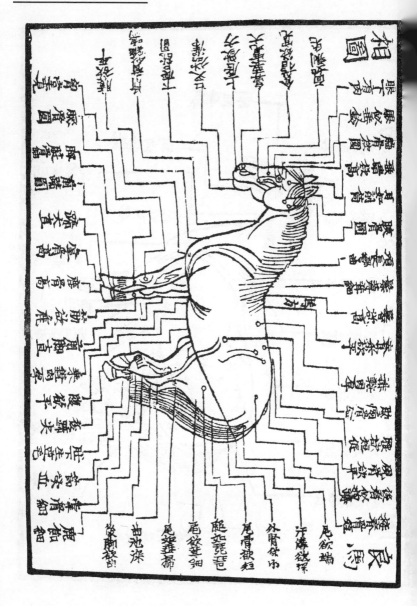

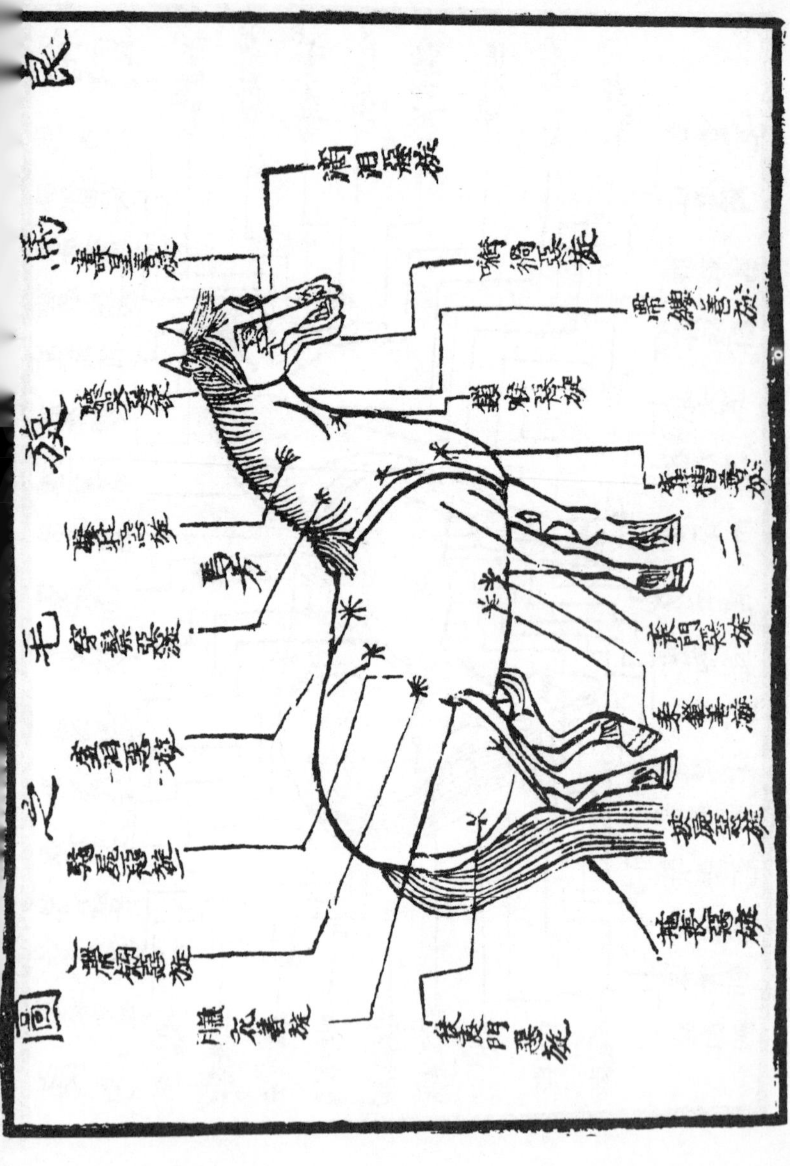
良馬旋毛之圖

相毛旋歌

項上如生旋有之不用誇還緣不利長所以
号騰蛇後有喪門旋前兼有挾尸勸君不用
畜無事也須疑牛額兼啣禍非常害長多古
人如是說此事不虛謌帶劒彈閑事喪門不
可當的顱如八口有禍也須防黑色耳金白
從来号虎頭假饒千里足奉勸不須留背上
毛生旋驢騾亦有之只惟鞍貼下此者是騐
尸啣禍口邊銜時間禍必逢古人稱是病馬
敢不言凶眼下毛生旋遥看似淚痕假饒福

也病無禍亦防侵毛病心知害如人不在占
大都知此類無禍也宜嫌擔耳驗鬃項雖然
毛病殊若然兼數尾有實不如無

壽夭

馬目中五彩具及眼稍下有字形者壽九十
鼻上紋如王公壽五十如火四十如天三十
如本如水二十如介十八如四八如宅七旋
毛在眼稍上四十在值稍骨中三十在值中
稍下十八口中見紅白光如穴中有火老壽
若黑不鮮明盤不通明不壽

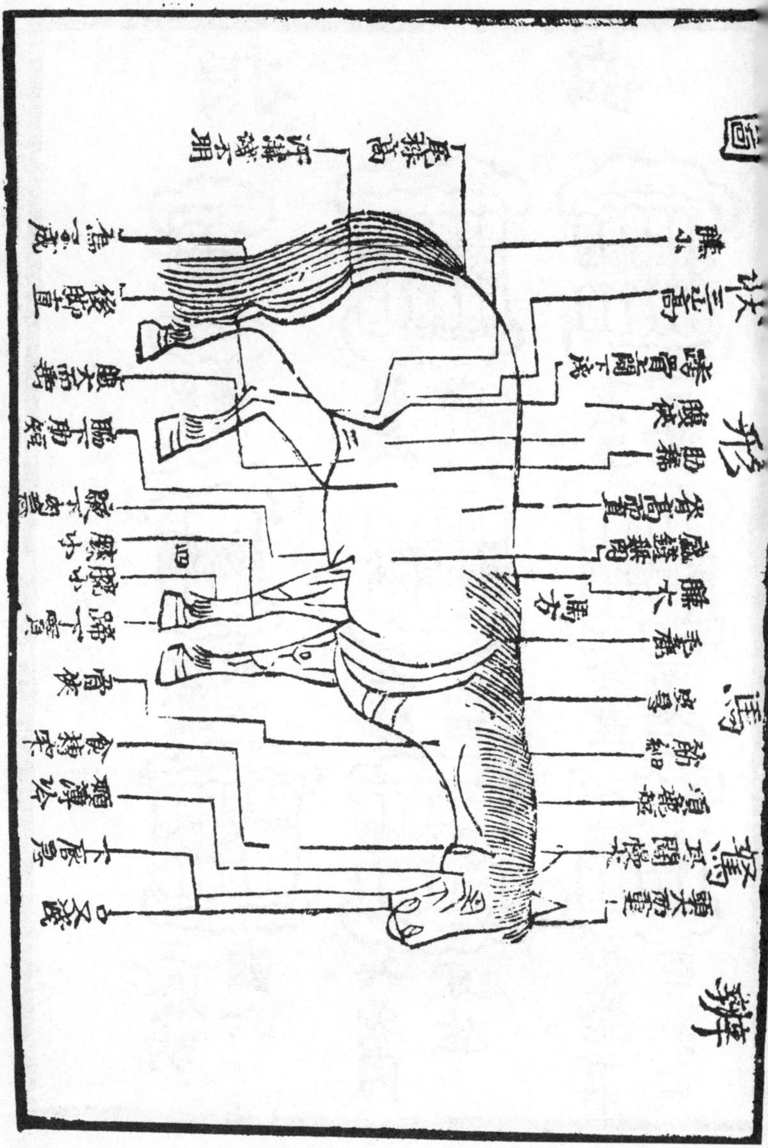

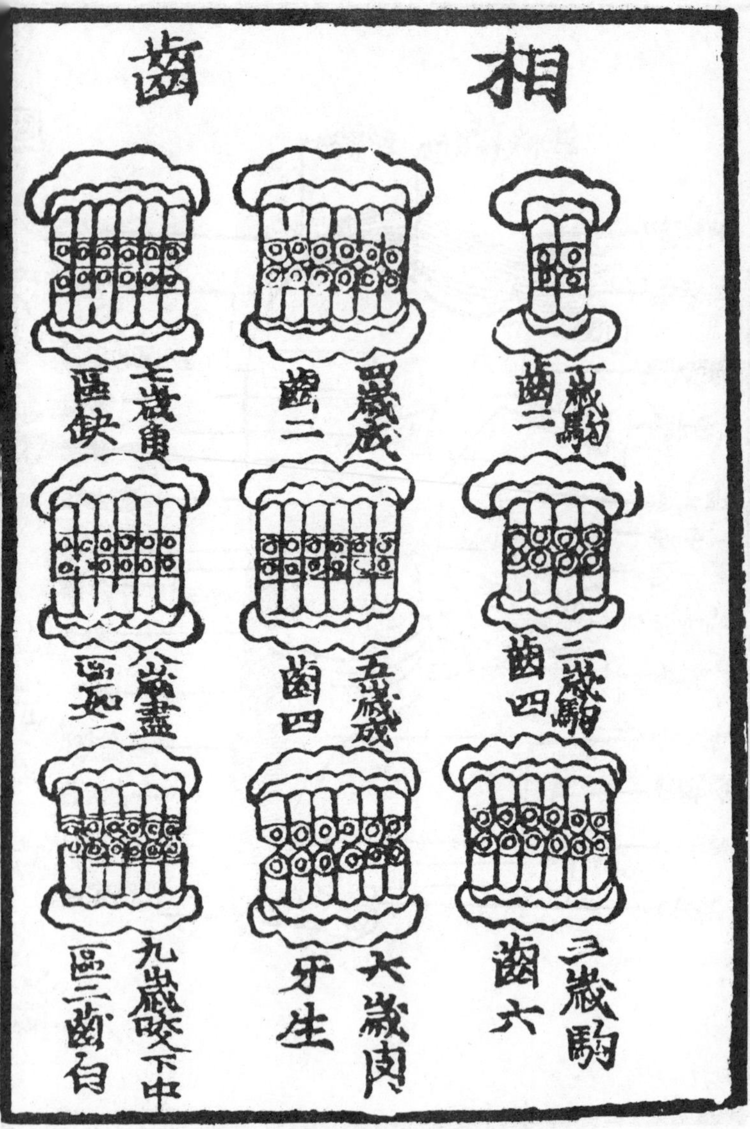
相齒
一歲駒
齒二
二歲駒
齒四
三歲駒
齒六
四歲成
齒二
五歲成
齒四
六歲肉
牙生
七歲角
區缺
八歲盡
區如一
九歲咬下中
區二齒白

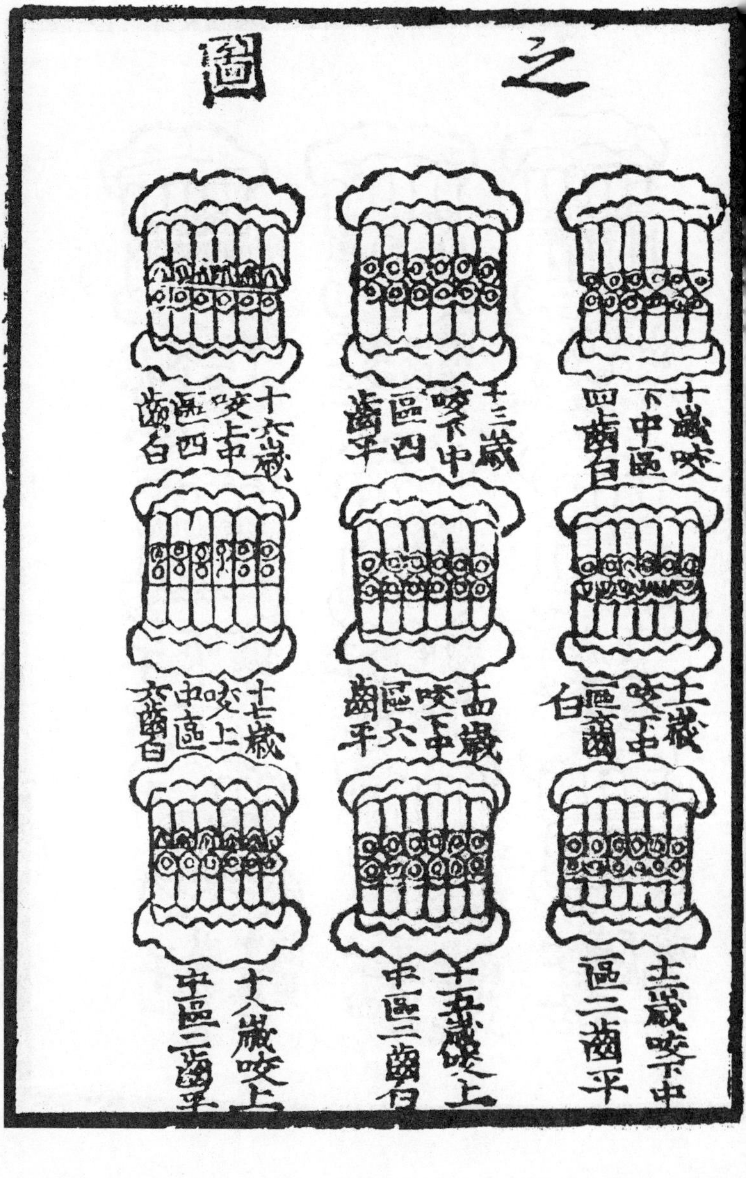
之圖
十歲咬下中區四齒白
十一歲咬下中區二齒白
十二歲咬下中區二齒平
十三歲咬下中區四齒平
十四歲咬下中區六齒平
十五歲咬上中區二齒白
十六歲咬上中區四齒白
十七歲咬上中區六齒白
十八歲咬上中區二齒平

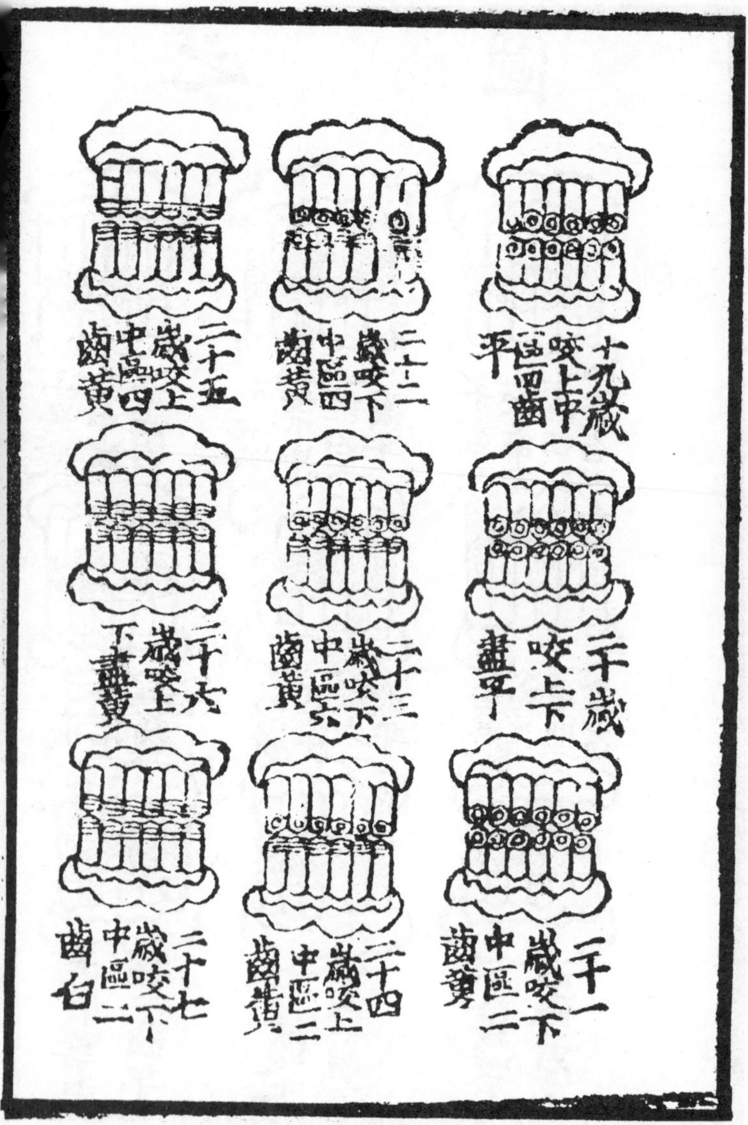
十九歲咬上中區四齒平
二十二歲咬下中區四齒黃
二十五歲咬上中區四齒黃
二十歲咬上下盡平
二十三歲咬下中區六齒黃
二十六歲咬上下盡黃
二十一歲咬下中區二齒黃
二十四歲咬上中區二齒黃
二十七歲咬下中區二齒白

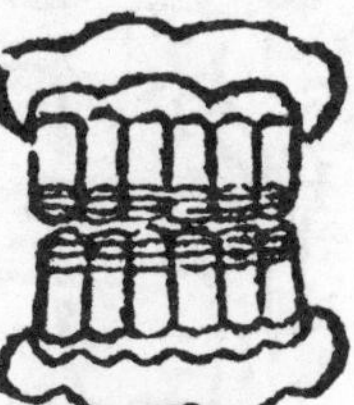

二十八歲咬下中區四齒白

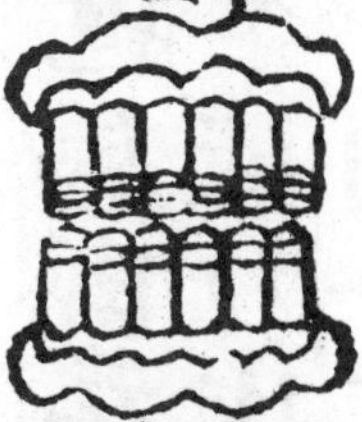

二十九歲咬下中區六齒白

三十歲咬上中區二齒白

三十一歲咬上中區四齒白

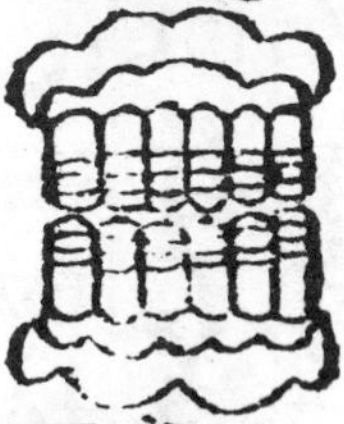

三十二歲咬上下齒白

齒左右蹉不相當難銜齒不周密不久疾不

滿不厚不能久走

放血法

秦穆公問伯樂曰馬於春首鍼刺出血何謂也伯樂對曰人受氣於癸癸陰水也水主腎腎主精故精氣多而氣血少馬受氣於丙丙陽火也火主心心主血故血氣多而精氣少故馬必鍼刺出血者不使血氣太盛而為疾病也然出血必於春首者何也蓋春木也夏火也木生火者也馬既為火畜火又受氣於亥生於寅旺於午伏於戌必於春首鍼刺者春火生時於是鍼刺分其血氣不至大盛故

雖火畜至夏火旺時血氣調均不至遥過而生諸病秦穆公曰善

相馬捷法

頭欲高峻面欲瘦而少肉耳欲小耳小則肝小而識人意緊端者性最快鼻欲大鼻大則肺大而能奔眼欲大眼大則心大而猛利不驚眼下無肉多咬人臂欲小膓欲厚厚則腹下廣方而平臁欲小小則脾小而易養胷堂欲闊肋骨過十二條者良三山骨欲平平則易肥四蹄欲注實則能負重腹下兩邊生逆

毛到臕者良望之大就之小筋馬也望之小就之大肉馬也至瘦欲見其肉至肥欲見其骨今之買馬且看眼鼻大筋骨麄行之好便是好馬水火欲得分水火在鼻兩孔間也口中欲得紅而有光此千里馬也上齒欲鉤鉤則壽下齒欲鉅鉅則怒頷下欲深牙欲去齒一寸則四百里牙劍鋒則千里嗣骨欲廉如織杼而闊又欲長頦下側小骨是目欲滿而澤眶欲小上欲弓曲下欲直素中欲廉而長素鼻孔上陰中欲得平股平主人欲小股囊上近前也陽重欲高則怒股中適主人

額欲方而平八肉欲大而明耳下玄中欲深耳下
近易骨欲直眼下直下骨也頰欲開尺長膺下欲廣
一尺已上名曰扶一作挾尺能久走鞅欲方頸前
喉欲曲而深胷欲直而出髀間前向鳧間欲開望
之如雙鳧頸骨欲大肉次之髻欲桎而厚且
折季毛欲長多覆肝無病膅筋欲大缺蟾劬也飛
鳧見者怒脊後筋也三府欲齊兩額及中骨也尻欲頹而
方尾欲減本欲大脊欲大而窪名曰上渠能
久走龍翅欲廣而長升肉欲大而明髀外肉也輔
肉欲大而明前脚下肉臆欲充腔欲小腔膁季肋欲

張肋縮鬃薄欲厚而緩腳脚虎口欲開肉股腹下欲
平滿善走名曰下渠月三百里陽肉欲上而
高起近脾外附蟬欲大眼夜前後股欲薄而情善
能走前後骨群擎頭如鷹龍高舉而遠望深視遠
聽前看如雞鳴後看蹲踞立師子辟兵萬里
白從額上入口名曰俞膺一名的顱奴乘客
死主乘棄市大凶馬也目不四滿下唇急不
愛人又淺不健食鍵亂者傷人左脇有白毛
直上名曰帶刀不利人白馬四足黑者黃馬
白喙者亦然後左右足白殺婦膝骨欲圓而

張大如盃盂汗溝上通尾本者蹹殺人又曰馬頭為王欲得方目為丞相欲得光脊為將軍欲得強腹脇為城郭欲得張四下為令欲得長又云相馬之法先除三羸五駑乃相其餘大頭小頸一羸弱脊大腹二羸小脛大蹄三羸大頭緩耳一駑長頸不折二駑短上長下三駑大骼(枯價切)短脅四駑淺髖薄髀五駑騮馬驪肩鹿毛馬驒駱馬皆善馬也馬生墮地無毛行千里溺舉一脚行五百里目皮欲得厚目上白中有橫筋五百里上下徹者千

里目中白縷者老馬子目赤反睫者善走傷
人目下有横毛者不利人歌曰三十二相眼
爲先次觀頭面要方圓訣法不看先代本便
是盲人信步行眼似垂鈴紫色鮮滿瞳凸出
不驚然白縷貫瞳行五百班如撒豆不同着
面顱側擊如鐮背鼻如金盞可藏拳口又須
深牙齒遠舌如垂劍色如蓮口無黑靨須長
命脣似垂箱盖一般食槽寛淨顋無肉咽要
平方筋有欄耳如揚葉寸批竹硯骨高兮髀
不堅八肉分兮彎左右龍會高兮上古傳頌

長如鳳須彎曲鬃毛茸細要如綿鬐長膊闊
搶風小臆高胷闊脚前寬膝要高兮圓似擒
骨細筋粗節要攢蹄要圓實須卓立身平充
闌要平寬肋骨彎弓須緊密排鞍肉厚穩金
鞍三峯壓壓須藏骨臥如猿落重如山鵝鼻
曲直須停穩尾似流星散不連膂筋大小須
匀壯下節攢肋緊一鐵羊鬚有距如鷄距能
奔急走目行千已前責損三十二萬中難選
一俱全

養馬法

凡收養冬煖夏涼棚頭平整行相離稀踈槽櫃潔淨揀擇新草篩撒粟豆若熟料用新水侵淘放冷方可餵之其飲馬惟宜新水次時飲之過夜不飲冬月飲訖便須牽行即無傷水切忌宿水寮料陳草沙磧灰土蛛絲諸雜毛髮食之即瘦瘁生病或以鹽水飲者勿多多則損其腰腹以成胃冷腎冷則後失仍日看其糞溺若溺清糞慢則無病矣又曰欲食之節食有三芻飲有三時何謂也一曰惡芻二曰中芻三曰善芻（善謂飢時與惡芻飽時與善芻引之令食）

[illegible]飽則乘不肥生草雖足豆穀亦不肥細剉無節簁去節而食之者令馬肥不啌何

謂三時一曰朝飲少之二曰晝飲則胷饜水三曰暮極

飼父馬令不鬪之法

多有父馬者別作一坊多置槽廄剉芻及穀豆各自別安唯着籠頭浪放不縶非直飲食遂性舒適自在至於糞溺自然一處不須掃除乾地眠卧不濕不汙百疋羣行亦不闘也

飼征馬令硬實之法

細剉芻枚擲揚去葉全取莖和穀豆秣之置

糟於通地雖復雪寒勿令安廠下一日一走
令其肉熱馬即硬實而耐寒苦也

又東人經驗牧養法

冬春騎勞出汗則勿解鞦轡徐徐刷毛去鞦
轡則中血汗風無汗則去鞍着馬衣鄉名於之後
去華勤馬大勞則平繫待息氣平飼長草一
東後與折莖良久又料一二升和折草喫之
又淨水一大斗折草與料三四升和喫常飲
淨水馬歇時多息汗未易收則有病更騎徽
出汗始前法養又法良馬五月後勿放至秋

放牧八月望時一日騎出汗勿過勞著草馬
夜過夜收汗平明刷之無穗長草一二束喫、
之與淨水一二鋒飲一息乃止還放隔十日
如前法小加勞養還放至九月十日如前法
騎勞養良馬五度常馬三度若馬八九月不
肥草枯前給料豐肥飼稷宜　又方行路
時不飲水危忌近歇處戰馬勿例論　又
方馬雖食草料腹不能充
甘草　人參　白朮　當歸各一
錢　大黃六錢　貫眾五分

右為末無水酒一大鍾真油一盞鷄卵一个和草朝灌口高繫不喂水草午後喂水草未愈再報

五勞

五勞謂筋勞骨勞皮勞氣勞血勞也筋勞者因久步得之其狀終日驅馳放而不驟者是也其為病則發發蹄痛凌氣(發蹄謂毒氣發蹄間其痛凌亂也)骨勞者因久立得之其狀雖驟而不時起者是也其為病則發癰腫皮勞者因久汗不乾得之其狀雖驟起而不振毛者是也其為

病脉（面傍）春摩之熱也氣勞者因汗未息乘燥而飼飲得之其狀雖振毛而不即噴氣者是也其為病苦氣不宣通故須緩繫之攊上遠餵草乃噴也血勞者因驅馳無節得之其狀雖噴氣而不即溺者是也其為病則蒙強行高繫之不飲餵餵少時乃大溺也

七傷

七傷謂寒傷熱傷水傷飢傷飽傷肥傷走傷寒傷者因冬月飲宿水繫寒處得之其病令馬毛焦受塵是也熱傷者因暑月乘騎過多

不時飲餵得之其病令馬煩躁悶亂是也水傷者因騎迴便飲停滯不散得之其病令馬結腸胃積聚成病是也飢傷者因馬盛飢覓令大走喘息未定卒然飲餵得之其病令馬心脾氣結草料不消是也飽傷者因飽乘騎奔便飲餵馬喫草太猛得之其病令馬腸胃積聚糞行遲澀是也肥傷者因馬瘦（悲驪切 肥皃）大力行得之走傷者因馬極走大過得之二者皆令馬肉斷脂消氣不續也

第一前結起卧病源歌

病中前結莫言無起卧時時喘氣

麁黃帝問師黃曰凡馬前結者何荅曰前結者冷熱相擊因飲失時結在大腸四尺前結也是陽明經受其病又云大腸二丈二尺前四尺中四尺後四尺各二般結也又云大腸與肺為表裏主其氣海絡滿糞塞定氣下不通交膺頑頑入于到八肺令喘息也口月揬頻

識切須用藥免穀頭訣曰咬膺者病在前四尺屬心肺悶絶而咬膺為人不騎其馬御大著鞍咬其胃中瘀之甚也滑

石膽粉拌通草茯苓生油一合酥

苦酒都將和合了灌下之時病自甦

第二後結起臥病源歌

後結起臥切須知回頭覷腹糞難
遲黄帝問師黄曰後結病者何否曰後結者乘困而喫草大急而
成結又在大腸四尺後名爲後結也皆爲冷熱不和而脹結也又云
陽明主其病又云令馬回頭覷臆中也因熱不飲水致大腸結也又
云飢困而喫草結大腸四尺後也韲汁生油於灌
道手取急須用藥醫噇了擇行三
二里恰似從前不患時

牽牛　硝石　朴硝各等分

右為末用豬脂油一處灌

第三熱痛起臥病源歌

良馬雖然千里程忽然熱病不惺惺

黃帝問師黃曰熱痛者何答曰
惺熱病痛者因良馬千里路程次
熱往其骨髓兼春秋不發於脉之
血不依四時攉咱積熱傷於臟腑
并魂魄也所以精神不遂名不惺口
惺也為是少陰主其病起臥也

中似火多頻臥眼內如砂不轉睛

不轉睛者肝受其熱眼中澁也口
中似火者心火上傳舌也又云心
為悶而熱
多臥之也

朴硝甘草各一兩藥末

柁和麥羊苦雞子共同灌下口更

須鍼鼻四蹄鞋

第四冷痛起卧病源歌

冷痛頻頻顧卧憂四蹄長展或難收黄帝問曰冷痛着何師黄答曰冷痛於因久渴而飲又吟水大及冷傷於胃四蹄重裴起卧也陽明經受其病又云四蹄蹺者冷氣傷腎冷下攻之四蹄重也又曰腎連脾又生肉肉寒而發故起卧顫也

往往雷鳴聲在腹時時蹬脚更回頭脾者土也病先傳肺肺傳胃又中冷熱不和而作聲也腹中痛甚而回頭起卧也

藥用細辛并陳橘用水三升煎沸依又叙皂角共葱鹽灌火爛湯淋病自瘳

第五小腸結起臥病源歌

馬病須看向小腸不通水臟越尋常黃帝問師黃曰小腸結者何答曰小腸結者乘困而喫水太多兼夾熱不和傳於小腸并水臟即成逆氣相交結也乃大腸從其病又云小腸屬火大腸屬金二臟不和大痛而雷鳴不尋常每度顛來多仰臥不收四足鎮舒張訣曰兩顛者小腹痛四蹄直上者背脊痛又曰急氣痛而氣入四肢不能收故也

續隨膽粉并通草姹女也和銀生油滑石方灌了擇行三二里自然痛可得安康

第六水鼓并起卧病源歌

第六須看水鼓并，汗出頭低起卧

圣黄帝問師黄曰水鼓并者何答
車曰水穀并者因飢渴飲飼失時

喫水太急又能走大過不鼓并也
失踏主其病又云汗出心痛使鼻

不通下面氣入膈中頭低也起
斜乾者二藏不和痛意難卧也左

右頻頻看腹肋，用藥如前灌一行

左右覷其脇為腹中痛也大腸屬
金小腸屬火冷熱相傳故令水穀

并結又方

還將麻子湯為藥，疾遂消除似康寧

第七羅膈損起臥病源歌

損着羅膈切須知，出氣頻、多起臥遲黃帝問師黃曰損着羅膈者何答曰損着羅膈者飽上走急驟氣壅而傷羅膈也大陰主其病又云氣屬陽藏屬陰羅膈屬心心為丈聊為金子曰氣壅而氣傷二藏不和乃傷於氣故胃中痛也酥蜜半升并芷更添役藥用當歸甘草麒麟骨碎補三服必定卻乘騎香白芷役

藥 麒麟竭 骨碎補 當歸各等分為末用酥蜜半升灌之差

第八馬腸黃起臥病源歌

第八腸黃喘氣麁迴頭看腹脒

徐徐黃帝問師黃曰腸黃者何答曰腸黃者積熱傷肺受熱傳入大腸乃變爲黃陽明注其病又曰上氣不通下氣到肺經乃出氣麁也又云其脒徐絲者形證衰也陽盛陰衰傷氣也又曰回頭者腸中痛而起卧也欲得病瘳帶

血脉大黃梔子朴消居又云腸連昌胃連脾黨脉屬脾乃是太陰之經絡也 又方

黃連黃檗 同爲散蜜并猪

脂灌即除

第九黑汗起卧病源歌

第九醫家用妙方渾身肉顫汗如

漿 黄帝問師黄曰黑汗者何荅曰
黑汗者因久熱傷心肺又兼春
秋不抽大脉又不依四時灌啗血
脉壅滯也又云因乘千里熱困傷
心了必陰君火注病顫者熱極上
心心痛而汗出乃心爲神王生火
火生血
又傷血

先去尾尖十字劈後須汗

出用三方 又云出血者瀉心經熱
尾連腸腸連心心連腎

都依蒿腦淋新汲汁衝喉人糞

搶 水淋腦腦是諸陽眼鼻三江
之會聚反傷即氣眼鐵

少許是須明記返魂香

第十脾氣起卧病源歌

第十脾家起卧難擺頭打尾上唇蹇

黄帝問師黄曰脾痛者何答曰脾氣痛者乘困而飲水大過寒氣傷脾乃起卧也大陰注病又云脾主其色黄受氣於巳生於子病於寅死於卯墓在辰又云上唇蹇者脾痛也唇通脾擺尾者胃痛也心者火也火生土見水相形水火不和也冷熱不解故有此起卧也

顫卧有時立即倒垂腰無力似風癱

又云肉者屬脾脾痛肉痛肉痛而顫到者脾性惡也垂腰胃痛無力也不食水草弱者似風癱也

先鍼脇上兼鍼鼻氣藥生薑灌便安

第十一心黃起臥病源歌

十一心黃不轉睛咬身用力痛無聲黃帝問師黄曰心黃者何答曰心黃者五臟積熱注於心肺久而不治乃變氣黃小陰主其病又云心者火也其色赤受氣於亥生於寅旺於午病於申死於酉墓在子又云心傷即神傷神傷心作黃也又云火返刑母乃木上傳於目故不轉睛也咬身者心痛作甚心黃痛急甚也麻黃大豆豜雞子水煎連灌便惺惺又方鬱金黃連散速將此藥下豬清一[illegible]

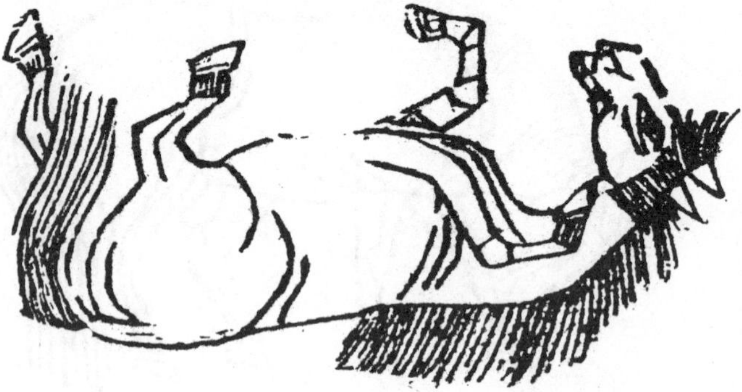

第十二腎黃起臥病源歌

十二腎家看腎病擔臟時時喘

更吹黃帝問師黃曰腎黃者何答曰腎黃者久熱而走大氣傷者肉腎變為黃也小陰經生其病又曰喘者因極而傷腑也腎是水心是火火極変也搐腸者腎痛也又生黃腎臟亦生也

踏地舒腰立即倒入胯腿上

兩偏相又云僻者腎痛也踏地者腹痛也兩傍者鍼其大也

更抽尾下微微血朴硝油水

塞衝腸又用解毒消黃散便是

師黃伯樂強

第十三氣痛起臥病源歌

馬患氣痛不調和 腹脹時時驟臥多 黃帝問師黃曰氣痛者何 昔日氣痛者因大飢而乘 因喫草大飽又飽而走大逆氣 傷肺也大險主其病臆脹者氣 不通下也卒熱不和傷飽而攻 之氣走氣不出又云心悶而起 臥多 也 口白更乾毛逆燥 肺家癰滯不奈何 又云白者肺之黃 毛者肺之表也 白水麴末當歸散酒煎連灌更無痾 每二灌時生薑蜜三服必定却僂儸

第十四腦黃起臥病源歌

馬患醫家辨腦黃口中沫出又

衛嚮黃帝問師黃曰腦黃者何答曰腦黃者積熱傷於心

肺火注共腦中生黃也不陰主其病又云師熱而口中沫出心

熱而顛狂在而悶亂瘟又云乃熱狂也

汗出打羣

喑涼藥腦開二孔與淋設又云淋出

腦心熱極打尾心問燥也用水淋之每朝新水頻

淋腦蘿藥仍須性要涼養於六

脉針流血便是神農真藥方

第十五胞轉起臥病源歌

胞轉蹲腰踏地頻，時時驏臥尾頻

黃帝問師黃曰胞轉者何答曰稍胞轉者因久渴而不飲飲水大高水盛傷於小腸因而不復乃胞轉也大陰主其病又云腸乾陽不和也人日踏腿者小腸中痛踏地者胞轉痛攣腰腹痛急甚而痛乃驏臥也

水草不食更頻臥，要知病狀是尿勢

也又云水草不食者勞思胞痛而悶乃臥驏甚者頻起臥者也

塗手用油通穀道，正從牽行三五遭，左右入手須撥正，小便通下見醫高

第十六 草噎起卧病源歌

馬患草噎病𤸇醫，口中涎出又遲遲（黃帝問師黃曰草噎者何答曰草噎者憂閑其表而氣遏塞胃衣乘飢因而喫草大急或氣而噎也大陰主其病又云飲水相䏺之熱不和逆氣而遲遲也經曰肺熱而口中涎出也乃因陰陽不和而使氣噎也），便把遲遲鞭後腳，思行十步莫狐疑（又訣曰通氣之急氣隨定也），皂莢藜蘆子，切須吹鼻不宜遲，又方便下須臾氣散不噎，時時飲草料

第十七內腎損起臥病源歌

馬患難醫是腎災脊梁着地四蹄擡黃帝問師黃曰內腎損着者何答曰內腎損者乘飽而走因息傷着內腎胃心二藏不和小腸主其病又云脊梁着地者內腎損而痛也四蹄擡者仰痛也後脚稍空

如此病方中無一免輪回又云內腎上肯二十三條觔通在遍身兩條通胔兩條通服兩條通耳兩條通鼻兩條通前脚兩條通後脚膂痛動觔動痛而後脚痛空也又曰腎為命門絕者死也盲醫不會由自強良醫看了不堪寸

第十八腸斷起臥病源歌

馬患腸斷不堪醫渾身肉顫揩

四蹄拋糞之時須起臥黄帝問師黄曰

腸斷者何答曰腸斷者因大醉而走大急傷氣不及出損其臟也乃陽明主其病內著脾之膜脾痛內痛內痛顫也又云四蹄者氣上下通直交入四蹄壅也又云傷腸斷也經云大腸連蹄又主氣發下氣不通故糞痛也

良醫見後也心

良醫若善治馬之人蹊也知其馬難治也

饒君妙

手能治療任教名士亦何施

第十九腸入陰起臥病源歌

馬患難醫腸入陰迴頭看腹示

醫人黃帝問師黃曰腸入陰著何答曰腸入陰者因飢困而走大急更因渴而不飲飲水大過冷氣注注陰間冷氣盛入腸入陰也大腸主其病又曰因頭者腸中痛也急痛而卒小腸亦痛顛也

腎囊一冷一邊硬石如此是實

其有鬼神又曰一邊硬者屬心水攻之冷者屬腎水傷也似鬼神者相刑襲也又曰水火木三刑相反故發寒熱攻其心肝不走

後代欲除根本者良醫

妙術所當親

第二十大肚結起臥病源歌

馬患須看大腸結喘急肚高時

詩歌 黃帝問師黃曰大肚結者何答曰大肚結者因久熱爲脾傳在胃；冷熱不和併結也陽明主其病又云脾不磨而草不消更遠行不飲盤纏而結也又曰喘者氣上不通下氣柑併而脹結起臥也

小便打尾且奈何 訣曰 小便多壅一藏不行二藏不通名啓也

蟣蜋通草

猪油熱螻蛄鼠糞共相和五味

將來衝斷結

第二十一肉斷起臥病源歌

肉斷原因走不安　四蹄不舉重

口黃帝問師黃曰肉斷者何如山答曰肉斷者因大肥而乘飽走大急壅著心肺及五損於脂肉損也大陰主其病又曰於氣不通上下氣爲入於蹄故四蹄重如山又云熱上攻之心肺羚乃下注亦四蹄重令馬飽上走不惜其力故肉斷也又曰於熱不和五臟不安爲肥斷也

但抽尾本胸堂

血須至平和不再着

又曰尾達腸又達心

膂心之血脈之熱也辯

更用消黃止痛散

便是周時八駿驍

第二十二水掠肝起卧病源歌

馬因喫水損其肝兩眼如癡似淺漫黃帝問師黃曰水掠肝者何答曰水掠肝者因久渴而不飲飲而水復太過水盛也厥陰主其病又云肝者其色青受氣於亥冊於卯病於巳死於申墓在酉又曰水掠而傷肝木遂傳於眼中泪出也行動之時如醉獨此時病狀救無緣後代之人習此理君還不信試譬看

第二十三羅膈傷起卧病源歌

馬患難醫羅膈傷精神漸減越尋常黄帝問師黄曰羅膈傷者何荅曰羅膈傷者因飽上走急氣不反出側損羅頭也大陰主其病又云心傷肺肺傷魂神魂而精神短慢也又曰外主心脾淝傷於囊經云羅膈不可犯也膈損更兼肉又顫鼻內時流血水鬃眼目昏昏兼腹脹血奔心時喘息忙又云眼目昏昏者肺傷也喘而傷肺氣不通上下眼也血奔心時羅膈損也為報醫工休治療大都此病必難康

第二十四板腸糞不轉病源歌

板腸不轉非難治起臥時時膁腹

高黃帝問師黃曰板腸不轉者何答曰板腸不轉者乘困而喫草

大過多更久渴飲而不息又乏能上乏急冷熱不和陽明主其病又

云氣上下不通而腹脹乘困而喫草戒結也結在腹腸中緣冷熱不

和胃中是也五朝七日未痊瘥氣道澀

而奔後腰脾者病先傳胃胃傳入胃腎者水脾者土氣不

和主於腰間氣上下相攻也草灰鼠糞豬汝洗

續隨膩粉合為膏五味將來同共

使直饒鋼鐵也須消

第二十五水噎起臥病源歌

水噎起臥少人知縮項蹲腰汗

瀝啼黃帝問師黃曰水噎者何答曰水噎者為驟來氣未足乘飢困而喫水大急冷氣相併傷水心肺而水噎也夫陰主其病水上不能肺下不能入水噎也偏項欄頭者心膂痛也又曰汗出心傷名水汗也陰陽不和也口中清水消

消滴醫工見者亂猜疑口中清水者心本溢而不納水出也又曰水勝火也火急房中看

藥餌曾剪捧捍不宜遲又力更

用五香散三江出血瘀須務

第二十六肉鼈起卧病源歌

肉鼈起卧汗微微忽覺心狂走

右竅黃帝問師黃曰肉鼈者何答曰肉鼈者因大肥而走大過脂肉損而汗出也陰主其病又云汗出傷心悶也又曰心生血血生肉肥也

肉動渾身顫颩颩無

令醫者亂猜疑脾痛肉亦痛顫也

但用

鍼刀向後覓腎堂尾本兩般治心生血血生肉肉生脂膌生髓髓生血是四陽熱也

又方鬱金并梔子消黃治肺共

扶持

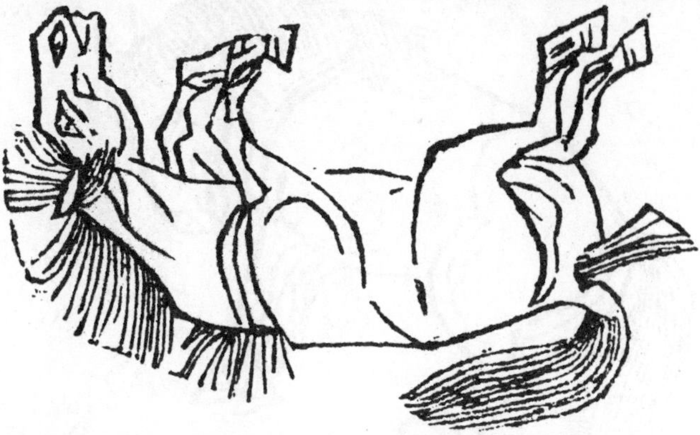

第二十七蜱蝨咬䐣起卧病源歌

咬䐣起卧最幽玄不在五臟及童篇草料餵時依舊喫牽下拥來衮騾展眠黃帝問師黃曰咬䐣者何荅曰咬䐣者馬身上有蝨被主人繫馬在不淨之處其馬卧有蜱虫走奔脾腹或神口上咬其馬悶悶而撲身而起卧也古時人有此故造出之勞動醫人神上頁摘却之時必見安後代之人習此理免教良馬受鹹酸

第二十八蹙著五攢痛起臥病源歌

蹙著當時四啼攢為緣血脈不
通連黃帝問師黃曰蹙著血者何答曰蹙著血脈者因
又熱而傷飽之大患又春六不脳六脈更不依四時權喘蹙著
血積聚大多血壅滯而不和也
小陰主其病又云熱上攻之血
冷下注之氣也熱上攻於腦五
故血冷注於四蹄攢蹙也
日七朝不宜療腰曲頭低行步
雖又云心血海也血者大傷於藥心心傷者神頭低傷氣氣傷
腦經也一火急方中看藥餌抽其六
脉自然安

第三十九肺痛起臥病源歌

肺痛起臥喘微微，口內如綿要辨之

肺痛者何苔曰肺痛者因大飽上走大急也傷於五損肺氣也

大腸主其病又云氣屬陽血屬陰其肺為受氣於寅生於未旺於酉

病於巳死於午墓在卯肺傷者也赤者心也五色使變如花色或

即胷前多有汗，此是用藥不宜遲

又曰肺是五藏華蓋下連心肺病於陽以陰而克陽也有此三般又

白胼出傷心故也

沙糖乳汁并雞子，消黃診肺并扶持

啗之三五無痊差，必定拋已豈復疑

第三十大肚傷起臥病源歌

馬患須看大肚傷臥時不起汗淋浪大肚傷者何答曰大肚傷者因大飽而走大過傷其大肚又馬水穀不能回轉痛而不起臥也陽明主其病又曰汗出心傷痛意也

喘麁鼻咗兼肉顫鼻內時流黃氣發鼻氣喘而傷肺鼻吐而熱損也又云血奔心而子奔心毋上大顫也痛也口咽氣之時胃必損便有靈方病也胃屬土土注金氣傳於亡子故肺氣痛更氣也爲

報醫人依給療此時大命見無常

第三十一心痛起卧病源歌

心痛起卧有殊功口内如艶脉帶洪

黃帝問師皇曰心痛者何答曰心痛者乘飢而走火急困而喫水太急傷心矜詐不利水剋火心病也小陰主其病又云心者火也心痛而汗出也口中赤者心白者肺黃者脾主藏相傳口如艶也

或即胸前多有汗大

黃葵花麥門冬生薑甘草并雞

子羌活茯苓肉蓯蓉九味將來

同共使便是王良妙藥功

第三十二腎痛起卧病源歌

腎痛起卧慢徵徵蹤蹤攢攢起卧遲腎痛者何答曰腎痛者因飢困而走大惡又飲水大過傷着內腎弊氣注其陰閉起卧也少陰主其病又曰腎水其色黑受氣於巳生於酉王於申病於午死於丑墓在辰又云腎是水心屬火冷熱不和攻之腎痛也又曰冷氣痛而陰下四蹄地攢口鼻尾尖頭出血腎棚鍼熷

更何疑蓁莄厚朴當歸藥溫酒

相和要灌之損着腎棚難治療

應須不損壽遐期

第三十三 喫水傷腸胃起臥病

源歌

馬因喫水傷腸胃臥蹔白者別

觀谷 冷水傷者何答曰冷水傷者久傷而不歡飲水太過

水盛傷於大小腸吞也大陽主

其病又云小腸屬心通於舌舌

下未者傷心小腸如白者傷肺

肺腸令大腸乃不和故發起臥

也芎藭白芷當歸藥細辛陳橘

共相兼好酒同調灌入口便是

神醫用手掐 乃兼切 掐取也 又方荳蔻

并肉桂生薑酒下聖經言

第三十四中結起卧病源歌

病中中結要言論，衰驢時臥起

卧頻（中結者何答曰中結者冷熱相交因飢失時冷熱不和而中結也結在大腸四尺中也中結也陽明主其病又云飢飽後失水多成中結也又飲不依時陽盛敗故結之也又曰冷熱不和故也）

要將雙脚跪胷膺看腹

迴頭意欲伸（訣曰令馬氣下不通其氣到入胷前可氣病而抱貫也）

續隨賊揔并通草都

李瞿麥共調勻以酒相和藥一

處學取從前妙手人

診候馬病脉

凡候馬脉先撫左腋下其脉從前来者肺心肝脉也若從後来者脾腎脉也動如春者死次撫右脉也脉如雀啄屋漏十死一生脉緩大者心脉也如箭肝脉也細而硬腎脉也滴滴如彈丸復似連珠脾脉也前来為陽脉後来為陰脉脉来過如流水者病雖重不死可治如有風病者先着外五候若眼有異病在心若鼻有異病在肺若耳有異病在肝若四脚直病在腎若口合噤病在脾又曰心脉細

而緩肺脉緩而大肝脉實而大腎脉如流水

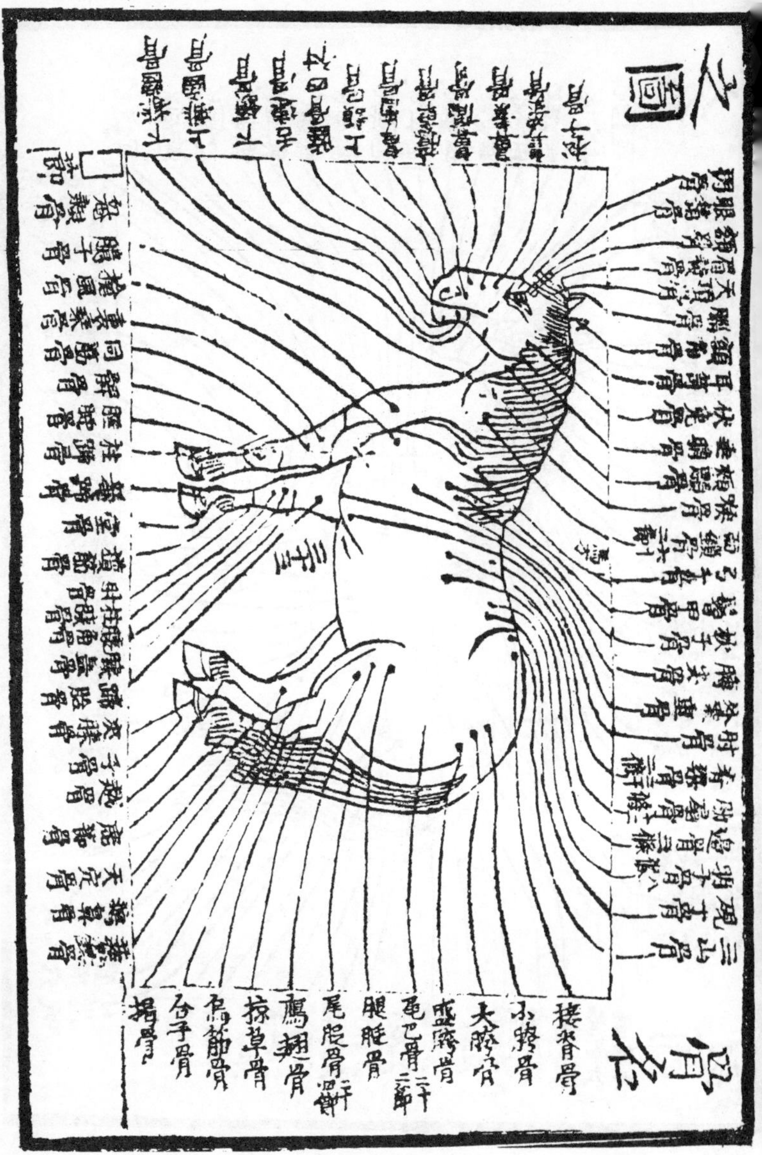
骨名之圖

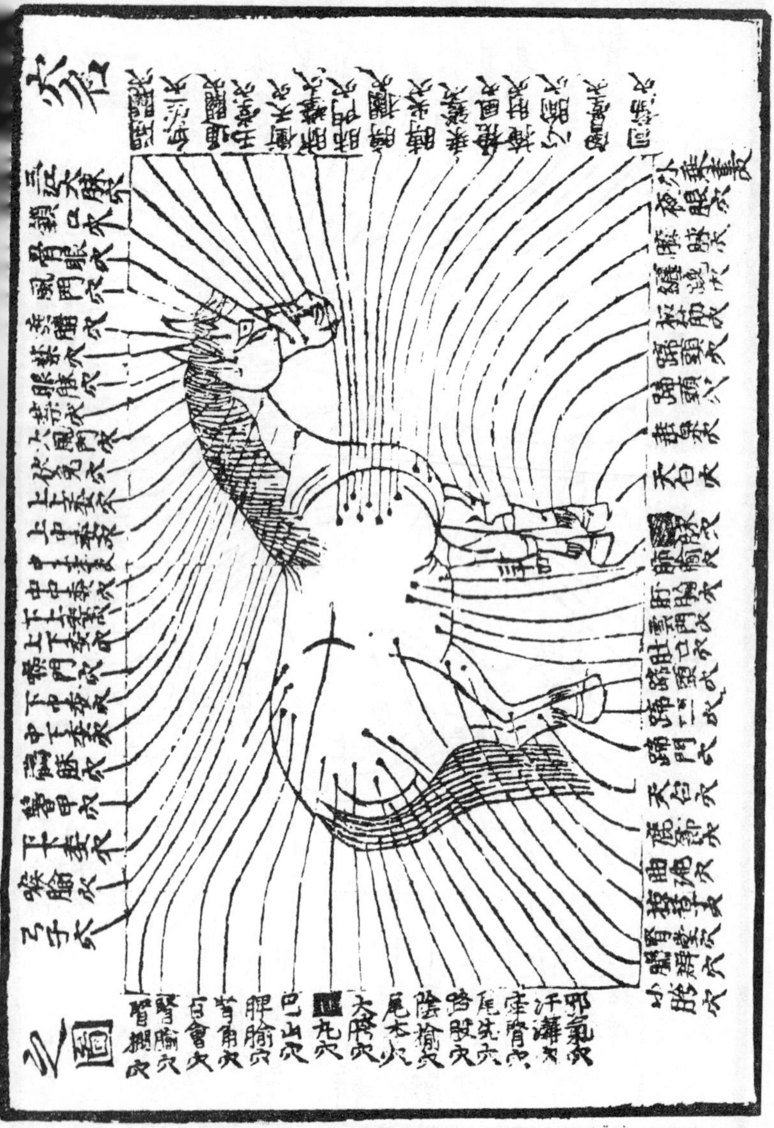
伏兔穴
弓子穴
蹄頭穴
邪氣穴
汗溝穴
尾尖穴
陰俞穴
尾本穴
大胯穴
巴山穴
脾俞穴
百會穴
腎俞穴

伯樂鍼經

大凡行鍼先知穴道去處次辨淺深補瀉之法免其失誤右手持鍼左手按穴未行針切忌大風大雨緩風是禍害雨是絕命陰陽分爭不可行針用針須依穴道看病淺深補瀉相應出氣為虛入氣為實左轉針為補右轉針為瀉後按針為中補次按針為中瀉若偏較一絲不如不針隔一毫如隔大山仔細審詳對病行針何愁不痊具穴道如後

鵲脉穴在頰骨下四指是穴入針三分出血

療五臟積熱壅毒音摩拭擦疥癆之病
胷堂穴在臆骨兩邊是穴針入三分出血療
心經積熱胷膊一切痛病
帶脉穴在肘後四指是穴針入二分出血療
黑汗及腸黄病
腎堂穴在腎尖兩邊相對是穴針入一分出
血療腰間滯氣及腎臟風邪把胯病
尾本穴在尾根底四指是穴入針三分出血
療脊間滯氣把腰病
同筋穴在裹乘重臆骨下四指是穴入針二

分出血療悶壁着乘重骨腫痛并心疸病

夜眼穴在夜眼下四指是穴禁止不針

曲池穴在兩後脚鴈翅骨下曲盤凹處是穴

入針三分出血療鴈翅骨腫大及鵝鼻骨腫

疼病

膝脉穴在膝下四指筋前骨後是穴入針二

分出血療悶擘着夾膝骨腫皮骨勞跛痛病

纏蹄穴在前攢筋骨上後寬節骨上筋前骨

後是穴針入三分出血療骨節腫痛板筋腫

病封裹裏至較

蹄頭穴在前脚川字上後脚八字上共四穴入針二分出血療横筋鹿節骨腫疼及蹄胎腫毒病用藥裹

裏外項上共一十八穴療馬患項脊㥶低頭不得病

上上委　上中委　上下委

中上委　中中委　中下委

下上委　下中委　下下委

已上十八穴入針一寸三分療項脊㥶低頭不得火鍼不較即烙着是血氣壅

即出胷堂鶻脉大穴用火鍼於八窌穴
尾前短節已後兩面共有六鍼并八窌
穴是七穴各去脊梁四指是穴鍼八一
寸五分若是冷風吹着及簷下雨水淋
着或臟腑冷氣傳流并內所傷須嚾補
腰溫脾氣藥及溫熁若是損傷骨髓肉
斷血脉不通須嚾補煖血脉止痛藥并
用火鍼
膊上八穴兩面共一十六穴用火鍼各八一
寸療血脉凝滯肺氣把膊及膊尖骨腫大腫

痛病

膊尖　膊攔　搶風　肺門　肺攀

掩肘　乘鐙

弓子穴在弓子骨上四指是穴入針一寸三

分按拽動皮入温氣療膊怯氣滯病

胯口故切股也上入穴兩面共一十六穴火鍼各

入一寸療內腎積冷抽把胯病　巴山　路

股　大跨　小跨　汗　仰瓦　邪

氣　牽腎

腰上三穴兩面共六穴腎棚　腎腧　腎

角　并接脊骨前百會一穴共七穴去
脊梁四指每穴相離四指火鍼入一寸
五分療內腎積冷氣把腰病
肝腧穴在左裏仁畔從後第五肋裏去脊梁
一尺五寸是穴火鍼入一寸療一切肝家之
病
脾腧穴在從後第三肋裏自脊梁仰手卻合
手是穴火鍼入一寸療脾胃傷冷脾寒打顫
脾不磨病
肺腧穴在從後第九肋裏去脊梁一尺五寸

是穴火鍼入一寸療肺氣滞及肺積病
兩耳中有禁穴二道不得鍼刺
大風門穴在兩耳根後靣一指是穴火燒烙
鍼圍烙深三分油塗療卒中破傷風或諸風
病
風門穴三道在額上檐尺古摇動力睛髮下是穴
火燒烙鐵深入三分療肝昏腦黄病三穴一
各
通關穴二道在舌根底下兩邊是穴入火針
二分出血療六脉閉塞舌本脹病

手穿把線右手用刀子割去骨眼不許割着水輪療骨眼遮障病如是不割了即眼不見物

心腧穴在臆骨上是穴如患心疸黃病用白鍼鏃亣餘鍼鍼出黃水或血將塩一錢擦在鍼處抜出黃水毒氣如不醫療成瘡透內肺

扳筋穴在膝下是穴如患扳筋大硬用烙鐵點烙

鹿節骨穴在鹿節骨上筋前骨後是穴入鍼二分出血穴治節腫痛病

尾尖穴在尾尖上是穴鍼五分出血療馬
汗病及瘡尾病
肚口穴此穴通流小便不可行針
膁癖穴在軟膁上是穴火鍼三穴各入三分
療膁垂緊硬穴腹細病
血堂穴在兩鼻內是穴入鍼三分出血療肺
熱攻注鼻腫痛
三江大脉穴在鼻梁兩邊四指是穴入鍼二
分出血療熱氣攻注頰骨腫痛或療骨勞跛
痛病

玉堂穴在口內上齶（五各切）齒根內第三 是穴入
針二分出血仍用鹽擦之療五臟伏熱腦癰
束口黃病
開關穴二道在口內兩頰上腫處是穴火燒
頂子烙二分入鹽擦嚾涼藥療上焦壅熱嚥
水草難病
喉門穴二道在頰下一指相對是穴病輕即
火針通關各入三分重則火燒烙鐵鈴圓療
胷脹緊哽嚥水草難病
喉腧穴頰下四指是穴鍼鉤刀割開眼圓二

寸透氣療熱壅呀啅及東顙黄倒地病
雲門穴在大馬臍前三寸小馬一寸半是穴
火針入一寸療脾胱積冷停留宿水病
蹄頭穴在蹄两邉是穴火燒烙鐵角點烙出
膿油塗療蹄門青彈子頭腫痛點脚病
天白穴在蹄門上窩子是穴用鹿火針入
三分療久患蹄病
伏兔穴在耳後二指是穴入火針三分療項
緊硬病
骨眼穴在眼内先將針線穿過骨眼邉頭查

垂睛穴在眼上四指是穴如患腫痛毒氣不
散白鍼鍼之
鬐甲穴在脊梁前高處是穴如患一切腫痛
用白針鍼消散毒氣
掠草穴在曲池上是穴火鍼三分三針一名
療腿摔拽胯病
鏁口穴在口角兩面是穴如患鏁口黄病用
烙鐵烙深三分長一寸半
外乘重穴在膝上五寸是穴八火鍼三分療
內着腫毒或臟腹攻注腫痛病

垂泉穴在蹄嵗雀舌是穴用巢頂烙滌三分
療又患蹄漏腫痛毒氣不出病
陰腧穴在外腎後中心縫上是穴火燒頂子
烙滌三分用油塗療陰腎腫大并本腎病

血忌日
春寅午戊　夏巳酉丑　秋申子辰
冬亥卯未　血支日 正丑二寅三卯四辰五巳六午七未八申九酉十戌十一亥十二子

馬本命月
九月巳日　十月亥月　十一月午日
十二月子日 巳上日不宜行針醫治

欲行鍼如犯血忌本命晦朔弦望風雨
陰寒皆是禁忌不可行鍼又緣春着及
馬有病棄血如泥餘月及馬無病惜血
如金凡鍼馬之疾先觀馬之肥瘦次看
喫草多寡然後相度行之鍼皮不得傷
肉鍼肉不得傷筋傷骨三補一瀉大馬
先針左騍馬先鍼右後學者識之
又云凡用鍼切忌血支血忌及人日大
風雨陰晦並不得鍼仍須早餵飽後小
時用鍼鍼罷立繫候晚餵

忌針灸肆血錄訓六畜正二三四五六七八九十十
一十
血支開同月丑寅卯辰巳午未申酉戌亥子
血忌續同世丑未寅申卯酉辰戌巳亥午子
月害獨同火巳辰卯寅丑子亥戌酉申未午

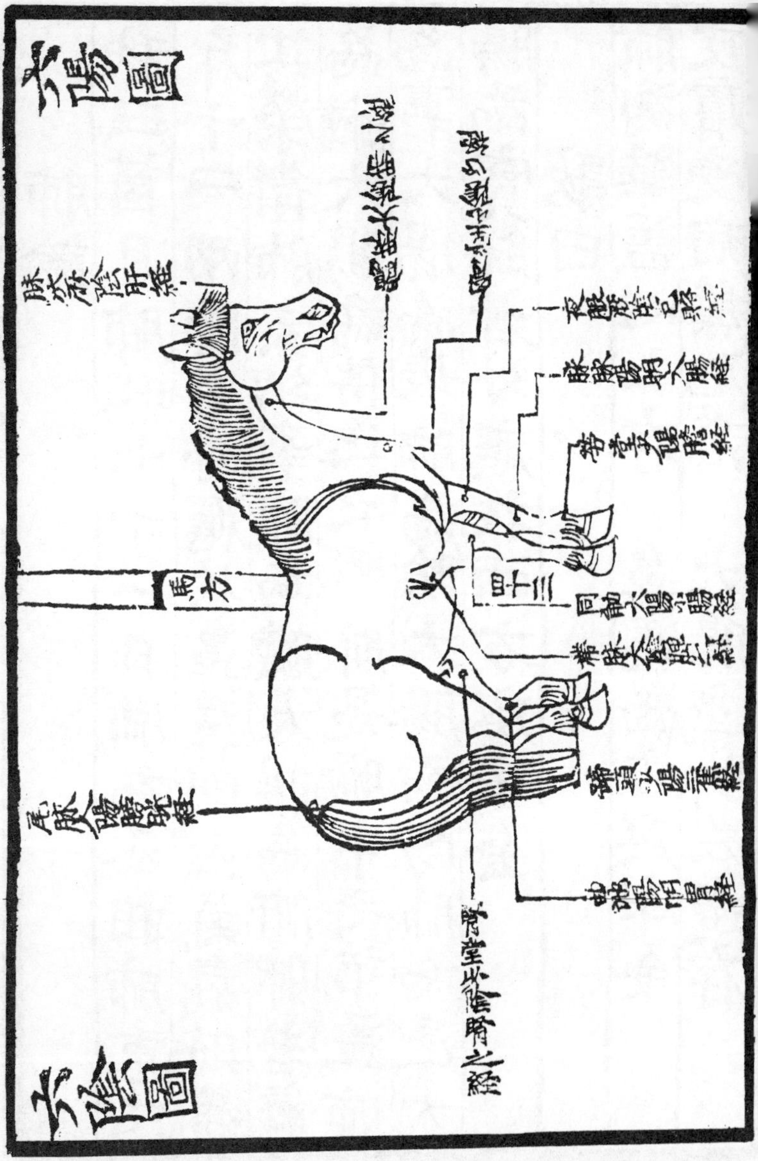
六陽圖
六陰圖
馬志

肺論

秋三箇月肺旺七十二日肺爲丞相肺重三斤十二兩肺者外應於鼻鼻則主氣氣則通其榮衛肺家納辛肺爲臟大腸爲腑肺者氣爲臟大腸爲傳送之腑 肺是臟中之華蓋肺爲裏大腸爲表肺爲陰大腸爲陽肺爲虛大腸爲實肺者外應於西方庚辛金

歌曰

肺爲華蓋心上存　鼻連西方庚辛金
皮膚受病鬃尾落　大腸連肺左邊存

膁前肉動脹又散　鼻中濃出病十分
醫工見者休辨認　此馬必定救無門

治肺部

紫蘇散治馬鼻温喘麁毛焦前探胷中痛一切肺病

紫蘇葉　馬兜苓　貝母（如無用人參）
木通　漢防已　苦葶藶
白牽牛子　桔梗　當歸
甘草

右為等分每用一兩水半升生薑一分細

攪蜜一兩煎至三五沸放溫草後噇之

半夏散治馬肺風黏痰吐涎沫

半夏　升麻　防風

右為末等分每用二兩酸漿一升同煎三

五沸放冷灌之病若未退再灌

連翹散治馬項脊承低頭不得把前把後慢

病

連翹　知母　貝母如無戎人參

杏仁　香白芷　紫蘇

桔梗　木妻根　山藥

當歸　馬兜苓　甜瓜子

右等分為細末每用一兩半生薑一分蜜二兩水一升煎至三兩沸放溫草後嚾之

桂香散療馬肺悸低頭不得病

大黃　柴胡　甘草各一兩

木香　乾薑　細辛

肉桂各一分

右件為末先鍼出帶脉血了用青州棗十箇去其核糯米三合生薑一兩煮粥和藥二兩啗十數即差

烏藥散治馬慢肺癥走驟着胃膊痛鼻濕前

擦五七聲嗟歎不食水草痛

桑白皮　牧丹皮　茴香

赤芍藥　秦艽　藁本

天台烏藥如無用芎藭

右件為末等分每藥末一兩半春夏漿水

一升秋冬則韲汁同煎三五沸放溫草後

嚾之

麥蘗散治馬把前把後慢病嗟喘

知母　貝母　如無用麥蘗

紫蘇　當歸　芍藥
括樓根　香白芷　枇杷葉如無用升麻
山藥　桑白皮　桔梗
甘草　茯苓　秦艽
山茵陳　黃藥子如無用黃蘗　杏仁去皮尖
馬兜苓　白藥子
右件二十味各等分為末每用藥末一兩
半蜜一兩生薑一分蘿汁一升煎三兩沸
故溫草後灌之
葶藶散治壓喘

玄參　葶藶　牛菜子于右

川升麻　知母　馬兜苓

黄耆　貝母如無用人參

右八味等分爲末每用藥一兩漿水兩盞

草後嚾之

凉肝散治馬肺喘及非時熱喘

甘草　葶藶　桔梗

貝母　板藍根　猪苓

右爲末每用藥一兩半蜜三兩糯米粥一

鍾半草後嚾之病未退再嚾若要嚾即用

熱童子小便一鍾半蜜水嚾之

白及散治馬廢膜損肺啌不止口鼻中膿血出可食水草

白及　山茵陳　山梔子

甘草　川黃蓮　防風各四

阿膠二兩　杏仁半升

右八味為細末每用二兩漿水一升同煎至五分候冷餵飽嚾之

五子散治馬鼻濕肺毒瘡前後脚虛腫草慢

牛蒡子于为子　牽牛子　大麻子皆炒令黃色

鬱金　甜瓜子　紅花子
蓁芃　瓜樓根
右八味等分為細末每用藥一兩半沙糖
一兩水半升同煎至三兩沸放温草後灌
之
款冬花散治馬熱發鼻濕草慢及取草結末
較病
款冬花（代用括樓）川鬱金　黃藥子（代黃著）
甘草　瓜樓根　杏仁
香白芷　甜瓜子

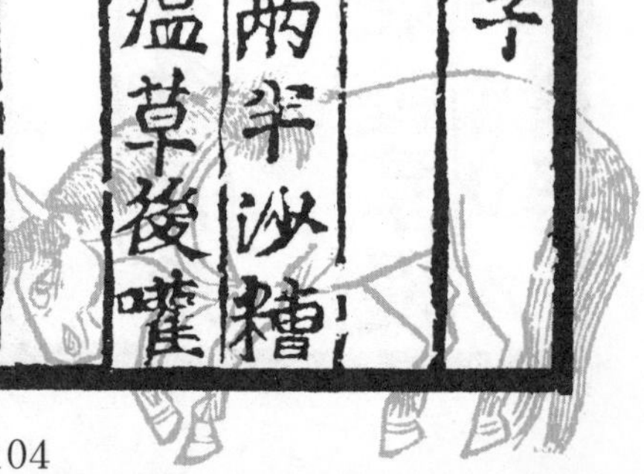

右等分為細末每用一兩半軟飲一鍾白
礬半兩飛過不摟一箇剉爛一處同和草
後噴之
草龍膽散治馬鼻內黃白膿出肺毒注破鼻
熱發多啌揩擦毛頭乾燥鼻濕並皆灌之小
可二兩服立效
木通　貫衆　草龍膽各一兩
梧桐淚半兩　玄參一兩
右件藥五味細末每用一匙頭猪膽如雞子大
附箇小便一鍾少餵後灌之

香白芷散治馬肺熱或身上生瘡

山梔子　香白芷　瓜蔞根

甘草　紅芍藥　川大黃

黃藥子代黃蓍

右七味等分為細末每用二兩漿水一大椀同煎三五沸放冷灌之夏用鷄子一箇及黑藥子半兩依前草後灌之効

木通散治馬肺黃病精神短慢口眼色黃牽動似醉或時常麁

木通　乾山藥　梔子

瓜樓根　牛蒡子
右件藥等分為細末每用一兩半漿水一
升生薑一分漿入藥同煎三五沸放温入
小便半盞嚾之隔日再嚾之
消黃散治馬喘麁汗出
黃藥子　貝母　知母
大黃　白藥子　黃芩
甘草　鬱金
右等分為末每用藥一兩新水半升蜜二
兩調嚾隔日再嚾之

栝樓根散治馬肺氣病

栝樓根　馬兜苓　黃藥子（代用黃蘗）

茵陳　白礬　黃蓮（代地黃）

杏仁（各一兩）　陳橘皮（半兩）

右八味為末每用藥一兩漿水煎放冷草後灌之

夜明砂散治馬肺毒生瘡

山梔子（四兩）　知母　貝母（代入參）

白藥子　栝樓根（各半兩）　夜明砂（二兩）

右為末每服二錢漿水一鍾半童子小便

半鍾同煎待冷蜜一兩鷄子二箇白礬半
兩同調草後灌之
荊芥散治馬肺風生瘡
荊芥穗　大黃　甘草
右等分為末一兩半米泔水二鍾半同調
灌之
黃蓍散治馬卒熱草慢尿血濕肺病
黃蓍　烏藥代芎藭　芍藥
山茵陳　地黃　馬兜苓
知母　枸杞葉去毛代外麻

右八味等分為細末每嚾半兩漿水或虀汁半升煎三五沸放冷嚾飢飽路行並嚾

心論

夏三箇月心旺七十二日心為第一心重一斤十二兩上有七竅三毛心者外應於舌舌則主血血潤其皮毛心家納苦心為臟小腸為腑心者血為臟小腸者受盛之腑心是臟中之君心為裏小腸表心為陰小腸為陽心為虛小腸為實心者外應於南方丙丁火

歌曰

心家受病連臟痛　胃口硬氣又唇寒
多卧少草鼈搵吐　小腸尿血傷心然
麒麟没藥紅芍藥　不限依時童子便
用藥每日兩度嚾　此馬必定得安全

治心部

麻黃散治馬心臟壅熱中風

天南星　乾蝎　白附子
白殭蠶　麻黃　乾虵
川芎　白蒺藜　海東皮
防風　黑附子　甘草

藁本　天麻　桂心

右等分為末每藥一兩酒半升同調嚾之

天麻散治馬心風初發時胷隻緊弩自奔衝

信脚自行

天空黃　天麻　防風

桔梗　黃藥子（代細辛）　甘草

知母　大黃　乾地黃

黃耆　黃芩　貝母（如無人參代）

鬱金　黃蓮　牛膝

右為等分細末每用藥一兩蜜一兩酒一

大鍾油三兩水一鍾同灌
鎮心散治馬驚悸狂前脚不寧有小痛
桔梗　白芷各一兩　白茯苓
人參一兩三
右為末每服一兩已下清酒一鍾半小便
一鍾同調草後嚾之
人參散治馬心經伏熱非時驚狂繞倒地口
眼色黃草慢病
人參　茯苓　遠志
防風　麥門冬　薄荷

甘草各一兩　龍腦如無用薄荷　牛黃各三錢

右為細末每用藥一兩半漿水一鍾同煎

三兩沸放冷入蜜一兩草後嚾之

桔梗散治心經不調陰陽不通百脉沉重遂

令十步九蹶如睡如驚眼不顧物病

升麻　桔梗　欝金

牛蒡子半斤細研　生地黃半兩細研

右藥三味為末與羊膽蜜餳地黃牛蒡子

調拌令勻入藥一兩半草後便啗立効

大黃散治馬心經伏熱見物或時驚倒眼內

如砂前採草慢病

大黃　麻黃　黃芩

甘草　防風　山梔子

右件等分為末藥一兩半蜜一兩半沸湯

二鍾同調放冷草後灌之隔日再灌

四黃散治馬心臟熱草慢并鼻內血出

黃蘗　黃蓮　黃芩

大黃　款冬花（如無用括蔞）　白藥子（如無用升麻）

貝母　鬱金　黃藥子（如無黃蓍代）

秦艽　甘草　山梔子

右各等分為末每用藥一兩半蜜一兩水半升調灌之

肝論

春三箇月肝旺七十二日肝為尚書肝重三斤十二兩肝者外應於目目即生淚淚則潤其眼肝家納臟肝為臟膽為腑肝者風為臟膽者精為腑肝是臟中之佐肝為裏膽為表肝為陰膽為陽肝為虛膽為實肝者外應於東方甲乙木

歌曰

肝家受病眼精昏　頭低耳搭少精神
悶骨生瘡多淚下　胡骨抱膀病無因
飯頂之間攻左脚　青葙石決章柳根
早晨臨卧嚾兩上　此病應須眼再明

治肝部

涼肝散　治馬眼昏暗翳膜遮障

羌活　菊花　防風
白蒺藜

右為末等分每用一兩　漿水半升　蜜一兩
同調嚾之

蒼术散治馬肝積 眼生翳膜

黃芩　甘草　蒼术

蟬殼　木賊

右為末每用一兩冷水半椀調匀草飽嚾之

蟬殼散治馬殼暈眼瞳

蟬殼　黃連　菊花

地骨皮　甜瓜子各一兩　白朮

蒼术各五錢　草龍膽一兩

右八味為末每藥一兩水半升煎三五沸

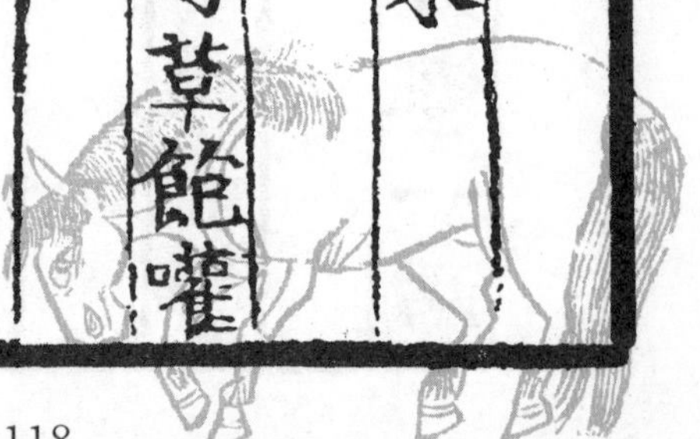

故温不計時候目灌一次

黄蓮膏治馬肝熱瞉暈及肢熱有淚點眼

黄蓮 如無用黄蘗　青盐 如無用鹽　蕤仁

楮葉　烏魚骨

石五味等分爲末乳鉢内細研如粉將每

用鶯草取藥點眼内日一次

洗肝散治馬眼内有青白暈并眼腫淚出肝

熱

决明草　石决明　青葙子

井泉石 如無用木賊　石膏　草龍膽

旋覆花　防風　菊花
黃蓮如無用黃藥子　甘草　黃芩各等
右為末每用藥一兩半猪膽取汁蜜四兩
白礬半兩漿水一升同調草飽灌之隔日
再灌如未退鐵眼脉穴出血即差
補肝散治馬蟲食肝病初得時兩目如醉神
頭垂耳頻搐頂似驚
黃藥子　白藥子　石決明
大黃　知母　貝母
秦艽　白蕪荑　乾地黃

草龍膽　草决明

右等分為末每用藥一兩蜜四兩醋一合

陳漿水一鍾草後嚾之

脾論

四季脾旺每季各旺一十八日共旺七十二日脾無正位胃為大夫脾重二斤二兩脾者外應於唇唇即生涎涎即閏其肉脾家納謂脾為臟胃為腑脾者土為臟胃者穀草之腑脾是臟中之母脾為裏胃為表脾為陰胃為陽脾為虛胃為實脾者外應於中央戊巳土

歌曰

脾無定位號中央　雙抽兩膁連膀胱

多臥以草又硬氣　瘠乾舌上口生瘡

生薑木蜜弃綠豆　沙糖四兩用消黃

氣孽建脾針脾穴　此馬驗認是脾黃

治脾部

天麻散治馬脾氣虛弱偏風病

天麻　人參　茯苓

川芎　荊芥　何首烏（代用細辛）

防風　蟬殼　甘草

薄荷
右等分為末每用藥一兩半蜜一兩半采
飲湯浸飽後嚾之
厚朴散治馬脾不磨草口色黃白
厚朴　青皮　陳皮
苓蘗　五味子　官桂
牽牛子　縮沙
右等分為末每藥用一兩酒一大鍾同調
嚾之
當歸散治馬脾胃冷傷水痛因成泄瀉

當歸　厚朴　陳皮

青皮　白牽牛子微炒　益智子如無用白朮

赤芍藥

右等分為末每用藥一两水半升生薑一分擦細煎三五沸空腹溫嚾之

事林廣記治馬傷脾胃不食水草寒唇似笑鼻中氣短

厚朴去麄皮

右為末薑棗同煎嚾之宜速

桂心散治馬飲冷過多傷脾作泄瀉

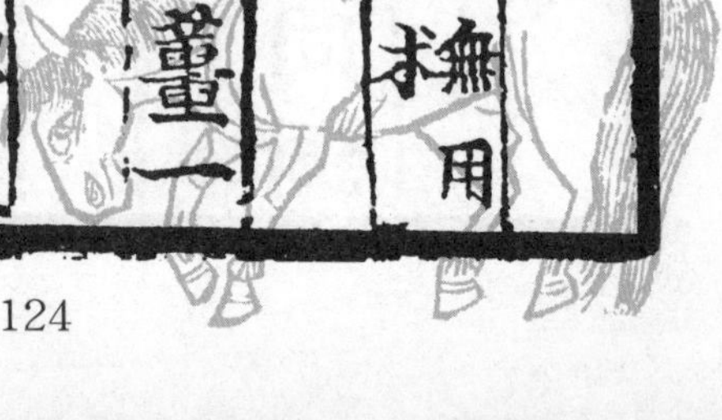

桂心　當歸　細辛

青皮　牽牛子　陳皮

桑白皮　厚朴（各等分）

右為末每用一兩温水半兩童子小便一鍾同調灌之

東人經驗方麴朮散治馬脾胃不調泄瀉

好麴（微炒四兩）末　蒼朮（末四兩）温泔湯調灌之末愈再灌

治馬不進水草毛焦方

鷄卵則一介鳩卵則二介去殼取朮真油

三合清蜜三合熊膽一錢半大蒜一顆(研爛)
研豆淋酒一升和空心嚾之愈朝嚾則至
夕先與草料飽後小與水一斗許徐徐飲
之不愈再嚾

黃不散治馬勞瘦臟腑不調難食草料腹衣
充滿毛焦不肥亦治傷水

大黃二兩　人參　當歸

甘草　白朮各半兩

右為細末好酒一大鍾真油一中盞鷄子
一箇和調早朝嚾口千後飼水未愈再嚾

貫衆散治馬瘦喂不肥者脾臟有虫

貫衆二兩　皂莢一兩　麻子四兩炒研

右件三味不以多少麁剉以水濃煮和草料餵之嚾之亦可

腎論

冬三箇月腎旺七十二日腎爲烈女腎有兩箇左則爲腎右則命門腎重一斤十二兩腎者外應於耳腎即生津液津液壯其骨腎家納鹹腎爲臟膀胱爲腑腎者水爲臟膀胱爲津液之腑腎是臟中之使腎爲裏膀胱爲表

腎為陰膀胱為陽腎為虛膀胱為實腎者外
應於北方壬癸水

歌曰

腎家受病切須知　後脚難擡耳又垂
心連小腸臭更澀　膀胱邪氣透入脾
限料早辰空草嚾　苦楝茴香青橘皮
脚重頭低陰又腫　此馬必定可憂疑

腎部

烏藥散治馬外腎搐腰背緊硬或肺病把前
把後草慢病

天台烏藥　芍藥　當歸
玄參　茵陳　馬兜苓
升麻　貝母　白芷
山藥　秦花　杏仁去皮尖
右等分為末每服一兩羊膽二錢熟葢汁調空腹放溫灌之如狗蹲腰痛牽拽不動人小便灌之

擯榔散治馬抽腎病腰背硬拖拽後脚水草慢病

擯榔　肉豆蔻　山藥

貝母　秦艽　細辛

款冬花　牽牛子　芭戟

沒藥　當歸

右等分為末每用藥一兩葱白二條細切

酒一鍾煎沸放溫嚾之

破古紙散治馬腎冷腰胯痛

破古紙　厚朴　胡蘆芭

茴香　肉豆蔻　川練子

青皮　陳皮

右等分為末每用藥一兩水一鍾煎沸候

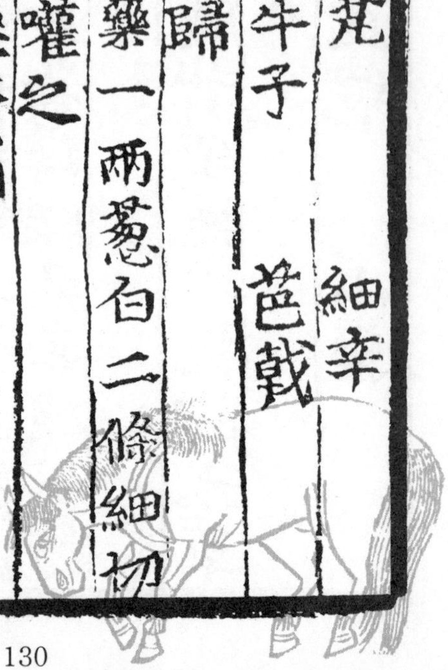

冷入童子小便半鍾草前嚾之

葱豉湯治馬脊傷氣施腰胯

葱　椒各半兩　豉二兩

朴消五錢

右四味用水一升同煎沸去藥只使煎下

湯放溫作一次嚾至晚再煎依前法嚾之

慢牽行

苦楝散治馬小腸氣

苦楝　茴香　當歸

没藥　玄胡索　藁本

甘草
右等分為末每服半兩酒一鍾同煎弃滓
一握煎三五沸放冷草前灌之
酒煎散治馬抽腎
用天南星一箇大者濕紙數張裹煨火
煨令黄色為度取出置地上出火毒爛
擣不羅每灌用酒半升豆豉半兩燈心
十莖葱白二莖一處煎之兩三沸去滓
先將豆豉諸般葱燈心唱之令將汁用
藥一錢入上項汁內煎至一兩沸放温

嚾一服

牡礪散治馬袖口陰腫塗搽消腫毒

天南星　縮砂　牡礪燒過

天仙子　木鱉子

右等分爲末每藥一錢淡醋一盞同煎三兩沸熱塗上自消

風門各臟風已出上文

灸法

柳條三十箇五寸長地上鲍窩火燒柳條汗出灸百會穴二十度或三十度

鍼法　見上諸穴門

熨法

治馬作騾卸去取鞍後狂走發汗中風如痴未者入温煖窖房中以射干鷄糞和麦釀醋酒熏腹下厚衣裹馬全體汗出二三日愈卒中風前法熨之

○五臟汗歌

○肺痛難行汗出病源歌

拳脚汗出肺家傷　肺痛行時審細詳

其胷行時饒汗止　精神知慢更為陽

止痛當歸白藥子　芍藥貝母共消黃
更用火鍼生起膊　葱煎麻附喫為强

○肺愈汗出病源歌

汗出渾身喘不休　醫人切在細搜求
肺喘氣麄并把膊　胷堂大血急須抽
更用入味白藥子　沙糖白蜜配生油
更下白礬粥裏喫　嚾時不得忘爪斸

○心熱汗出病源歌

汗出渾身數黏黃　心家有病熱來傷
是汗熱時涼藥補　蔚金雞子共商量

甘草只用猗車散　大黃枚子配蒲黃
七味將來齊裹下　大血抽罷放胷堂

○心愈汗出病源歌

心愈熱燥汗如流　出氣如同似鋸抽
心愈肺喘饒肺敗　胷堂大血最為籌
更用消黃涼藥唆　入何淋洗自然休

○肝爛失魂汗出病源歌

肝爛失魂汗如漿　行如醉狗便衝墻
肝爛肺損難醫治　陽斷肚破更無醫
交他死人難理會　師人說與聽行藏

經書論盡中無効　主人見道哭忙忙

○肝黃汗出病源歌

汗出渾身是肝黃　肝黃得病目無光

口中青色多膨痰　肝家木旺見青陽

五藏生魂通抱眼　木家不奈火燒將

藥用洗肝黃消散　二消蜜下灌三黃

○脾脹汗出病源歌

汗出脾家脹不消　五臟六腑不和調

口黃鼻冷微驚搐　相知此病大難逃

唇又郎當精神慢　垂頭着地不能高

主人見馬如此患　醫家千方設功勞

○脾即愈汗出病源歌

汗出脾愈口色黃　塞鼻直上笑忙忙
汗出脾黃多喫主　青橘陳皮共生黃
檳榔肉桂并荳蔻　桂心二消配三黃
都用將來白蜜下　併灌三服自安康

○陰腎汗出病歌

陰腎汗出是心黃　心黃腎上汗如漿
心連小腸饒顛走　更兼臟汗眼顛狂
急嚾消黃洗肝散　入河淋洗更無傷

大血兩鍼須要出　醫人不在放胷堂

○定陰汗出風吹着木腎病源歌

陰汗驟來備風傷　腎家如鐵木軀將

木腎膀軀如腫硬　火鍼刺破是明方

止痛消黃鹽醋搽　七傷嚾啖酒爲强

嚾用炒鹽葱一把　酒煎冷下却如常

○五臟黃

木通散治馬肺黃方見肺部

人參散治馬心黃病多驚神慢

人參　茯苓　甘草

吴藍　大青（鄉云青黛青花）　鬱金

黄藥子（代赭細辛）　板藍根

右等分為末每藥一兩水半升生薑半兩
搽油蜜各一兩同煎三五沸放冷草後灌
之

黄蓮散治馬肝黄病初得時目硬四脚如柱
牵動到坐而倒

黄蓮　黄耆　黄芩

知母　麦門冬　貝母（如無用入參）

鬱金　大黄　山梔子

天門冬　黃藥子如無用細辛

右十一味等分為末每二兩雞子五箇生

地黃三兩細擣合和灌之次日再灌

白藥子散治馬脾黃初得時精神慢頭垂鼻

出吟氣或起卧慢草迴頭返看

當歸　五味子　沒藥

細辛　藁本　厚朴

陳皮　白芷　牽牛子

青皮　芍藥　白藥子代人參

右十二味等分為末每藥一兩生薑半兩

擦細酒一鍾同調灌之

黄蘗散治馬脾黄病外腎棚上兩嬭浮腫

黄蘗皮　知母　貝母

欝金　大黄　山梔子

黄芩　白芷　桔梗

括摟根　山藥

右等分為末每用藥一兩蜜四兩水一鍾

生薑半兩擦細同和灌之

茴香散治馬腎黄病外腎腫硬水草進退抽

搣後腎

茴香　知母　苦楝子

甘草　貝母　乾薑

秦艽　官桂　山梔子

青皮

右十味各等分為末每用藥一兩煨葱二條酒半升同煎三五沸放温灌之

○諸黃門

不二丸治馬肘黃

砒霜一兩　黃丹　麝香各一兩

右件藥三味同熬研為末湯浸餅為丸

如桐子大兩頭尖用微鍼破紙藥一丸在

内半月已後取下

千金湯治馬瘦内黄

千金木葉皮中　貫衆　松葉

艾葉各三兩

右用水三斗煎至一斗好醋一鍾徐徐灌

口

治内外黄方

細辛三兩　人參一兩

右二味於法油三升浸待藥潤取出焙乾

爲末病重則二匙輕則一匙半調井花水
一鉢好酒一鍾半分三服徐徐灌之平發
半日不給水草

又方

羊蹄根一鉢細研　松葉一鉢細折

右爲同杵水一斗半和合取汁灌口極妙

羊蹄根三斗單擣灌之亦佳

又方

羊蹄根一斤　艾葉三斤

右水一盆煎至七分常飲之

治外黃方

羊蹄根削如棗核以鍼周癀刺之納孔中則其癀自消如無羊蹄葛根亦佳

又方

針刺舌端一寸血出令馬自嚼無血則不利

又方

婦人月經衣浸水三升桑皮末五錢和合嚾之

灸法

馬面骨下端割十字灸十壯

治馬節黃(鄉云股瓜)黃有二種節上癰腫軟而如拳者名曰水黃以燒鐵條橫烙大節上三畫以燒毛而止勿破皮腫如栗者名曰鐵黃腫口針如粒長以艾灸三壯艾炷如棗大若經月不差則如前灸針曲池穴

鐵粉散治馬蹄黃(鄉云召伊)蹄上堅腫者是以刀劃去其核勿犯筋

白鮮皮末鐵粉末等分割處塗之以布帛裹之以艾煙熏之三日後去其裹帛

田螺膏治馬蹄黃

田螺（鄉云古乙方） 白鮮皮 黃蘗

烏魚骨 蚤休

右任意多以同擣貼傷處以巾裹

猪脂膏治馬膝黃用白鍼出血

何首烏 大黃

右等分爲末猪腦猪脂中同研以油塗患處巾裹之

治馬地黃方

松瀝（研取生松披摩破作炉埋側地炉上端納缸以粗糠厚覆之下端火）

燒耳油 馬齒莧生搗

右二味和均厚傅瘡上以帛裹之經三日

即愈

又方

郁李人根皮細研用蜜和白瘡俞內

又方

桃葉和漿爛搗傅瘡上以帛結之得効

又方

明礬 松脂

右等分煉成膏作丸納孔中神驗

○諸脹門

牵牛散治傷飽氣痛草慢及因飽起卧

牵牛子　續隨子　瞿麥

郁李仁　甘草　木通

陳皮　滑石

右等分爲末每用一兩半煎葱生薑湯二大盞同調灌之如起卧油一盃和灌之

治六畜食米脹欲死方

麴汁灌之立消

治馬中穀方

生蘿蔔三五箇切作片字啖之立效

又方

麥蘖三升微炒爲末和草料餵之甚良

又方

手執胛上鬃向上令皮離肉如此數過以大鍼刺空中叉突過以手當刺孔則有如風吹是穀氣也令人溺其上又以鹽塗之立乘數十步即愈

治馬卒熱腹脹起卧欲死方

藍汁一升和冷水二升灌之立效

治馬卒腹脹眠臥欲死方

鹽一升研和冷水二升灌之即愈

東人經驗治脹滿方

用一竹筒一端留節鑽小孔一端斜削納肛門中以艾灸鑽小孔十餘壯即去竹筒糞隨筒而出得效

牽牛子散治馬低頭難腰背緊化滯氣消膨脹

白牽牛子　大黃　葳靈仙

大腹子　甘遂　陳皮

蒿本　當歸　丁香皮

萆薢

右等分為末每用藥一兩水斗升入葱白

十莖細切生薑一分細擦煎沸草前溫嚾

治馬誤食亂髮飛禽毛翎或木硬物使腹脹

悶欲絕發作有時體瘦方

綿一兩剪折細油調啗之腹中惡物即

隨綿出

消毒散治馬誤食毒草口中吐沫悶絕欲死

白礬半兩　塩一兩

右同拌令均於舌上塗之良久再用甘草末二兩水三升同煎二升放温入芸薹汁半升藍二兩伏龍肝一兩半同調灌更於尾本穴出血一升即差

大宴散治馬起卧大肚板腸糞不轉

青皮　陳皮　大戟

木通　牽牛子　大黄

瞿麥　郁李仁　[illegible]爪黄

滑石　鼠糞　續隨子

右等分為細末每用一兩半葱一握水三

鍾同煎三兩沸放温入油二兩灌之後頻
牽行
皂角散治馬結糞
皂角燒灰存性 大黃 枳殼
蔴子仁 黃蓮炒黃藥皮 厚朴
右等分為末清米泔調灌若腸突蔓荊子
末同調灌之
又方
冬月馬結糞納竹筒穀道中冰碎納筒
中以木筋推入

治馬大小便不通眠起欲死須急治之若不急治斃以脂或油塗人手探穀道去結屎又以盐納溺道中溺出便差

滑石散治馬小便不通

滑石研一兩 朴消研 木通

牽牛子各二兩

右為末同溫水灌一兩末通再灌之

人參當歸散治馬大勞小便赤濁或有血出

大黃 人參各一兩 當歸半兩

右細切用水二鉢煎至一鉢半候冷去滓

加清醬一鍾調嚾之

白芷散治馬尿血

破藥黃芪滷　細辛　肉桂

自然銅　藁本　當歸

芎藭　白芷

右等分為末每服一兩鹽少許童子小便

同調嚾之

○骨眼門

青鹽散治馬眼骨

白礬四錢　青鹽彈子二塊炙無代用鄉鹽

右將鹽為末銚子內中心用礬盖用火飛之熬定後取出却入炭火燒絕黑煙為度研如粉入少龍腦點之

明睛散治馬點眼

白礬飛一分 乾者烏賊魚骨一分 蕪荑七个

○右件藥一處研傾點之

灸法

凡馬眼骨後腹痛及諸腹痛灸神闕穴五十壯即差神驗

又方

初發時釜底墨塩炒等分細末一錢納眼差

又方

熊膽如小豆大細研酒一鍾半和均以小盃徐徐嚾之後腹痛則一日不給料即差

又方

初有氣以亂髮燒燻鼻流清涕至流濃涕則愈

○諸熱門

治馬卒熱二母散

貝母（如無用人參） 瓜樓根（各五兩） 山梔子（一兩）

知母（五兩）

右細末每嚾藥末二兩生薑二兩研細取自然汁同調飼草後嚾之

蔘苓散治馬發熱貪水慢草或因起卧未看草歷熱飲水

人參　茯苓　黃連

乾葛　烏梅　甘草

石膏　蘆根

右等分細末每藥一兩半蜜一兩半水一大鍾半同煎三四沸放冷先以新汲水噌後嚾之

治馬熱發垂青解毒飲

塩豉（一升研）　猪母糞　蜜（各兩）

鷄子（三箇新者）　塩（一兩）

右藥同和草後噌之隔日再噌

又方

煮黑豆及熱飲噉三四度則愈

又方

以麵鹽和作劑用水洗下汁飼草後灌之

○溫疫門

治牛馬時疫

白朮　藜蘆　芎藭

細辛　鬼臼　菖蒲

右等分麁末燒熏兩鼻令煙入腹即愈

五木瀝治馬疫氣已發未發

梧桐木　白楊木　白楡木

紫荊木　梓木 鄉名牙木

右爲刮取等分束如炬取油塗病馬牛滿身至蹄甲垂死即活

又方

獺肉肝肚以水煑汁嚾之不用屎

又方

始發羊蹄汁二三升嚾口未發者預嚾

又方

有氣則千金木斫取擁㾜又水煑木與藥待冷嚾口又藥剉和草飼之

灸法牛馬疫通用

初發時身體中有小腫字細審之腫則以燒鐵條烙之又冷水漫豎體寒為度又以艾炷如小指大灸神闕穴臍中三十壯

○鼻瘰門

治馬瘰蕎麥磨粉拌草連稈折飼之

又方

松脂明者四分　熊膽三分

右為細末納兩耳中以軟帛約耳根鍼兩耳後項端有虛穴灸七壯三日後約帛解

之

又方

馬小台星毛旋中鑽徹骨即止勿犯腦

老馬腦深兒淺細審鑽之先以臭油塗

之灸三七壯厚紙貼之生肌爲限凡飼

之勿多水

又方

原蠶蛾細末二分　好酢一匙　分盛兩

耳中

石螵蛸散治馬鼻瘵

石螵硝　松脂　陳麴

右等分盐少許半分裹紙煨火炮去熱細

末真油一鍾入亂髮煎待冷烏鷄卵四个

同和分納鼻中即差

又方

蘗皮三分　貫衆一斗鄕云廻初音　黑豆一升

右水二斗半煎至一大鉢紅花末一錢煙

墨五分好酢一鍾咳嗽則加製半夏三分

和均嚾口

又方

真油一盞 白礬 黃礬

甘草 人參各三錢 大黃二錢

有咳嗽加製半夏一分 細辛同 羊蹄根鄉注石串

生則搗細明乾 則五分細辛

右味淡豉湯一鉢好酒一盞和均以竹筒

分三嚾口先以白礬分三納口次以前藥

嚾之此藥性緊力飼半日

又方 療如一年可治

芥子 塩各三分 蒜七分

右件一處搗成膏子若右鼻療用藥滿塞

右耳內尖上裏面皮用小刀直劙三道將耳尖望裏摺倒用氈子緊包裹耳根上細繩緊縛十日不騎即愈

肘後方治虫瘵十年者

醬清如膽者詳

右分兩變攉鼻隔一兩日再攉之將息令不得多多則損身

追蟲散治馬虫瘵病

躑躅花 穀精草一 蘆薈各一分

木幣个一 母丁香二个 麝香研分

皂莢酥炙一分用

右細末麝香拌勻每用半錢以竹筒盛吹

納鼻中虫出差鄉麝香亦可

○諸瘡門

藺茹散治馬附骨瘡鄉云骨瘡

藺茹　白鮮皮　黃蘗皮

細辛　松脂　石硫黃

右等分細末熊膽如大棗子許沆水和藥

從瘡深淺依丁以筋納瘡口七日內差

又方

明松脂　葱白　醋　鹽

右等分爛擣納瘡口

又方

產男兒胎燒存性以唐紙裹納瘡口

巴豆散治馬脚生附骨瘡即入膝節令馬跛

芥子半兩　巴豆三介去皮如無用杏仁作

右先芥子研爛次入巴豆同研細用竹刀

子以水和令相着要用先當附骨瘡上披

去毛斷小蠟周帀圍之蠟罷以藥傅骨上

取生布割兩頭作三道急裹之骨小者一

宿便盡大者不過再宿審知骨盡即便取
冷水洗瘡淨再取車軸頭脂作餅子蓋瘡
還以淨布急裹之三四次解去即生毛而
無瘢此法神良大勝灸者然初用藥時須
以蠟圍恐藥爍瘡大用藥了須頻頻看恐
骨盡便傷好肉若未差輒乘騎即令瘡中
血出便成大病切須慎之
雄黃散治諸般腫毒筋骨大硬
雄黃　川椒　白芨
白斂　官桂　草烏頭

芸薹子　白芥子　大黃

硫黃

右等分為末每藥一大匕麵一匕醋一盞

同熬敷腫處

蓖麻子散治馬失節攧腫

白芥子一兩　木鼈子　杜蓖麻子三十个去皮

葶藶子半兩　草烏頭一分　雄黃半兩

右藥末油調攧傒一伏時如失節用水浸

有瘡腫油調藥後亦一伏時用水澆潑或

有腫痛再用附貼傒乾再水走潑

桃花散治老鼠瘡疥去紫癬

明松脂　白礬

右等分細末每瘡以針橫刺去惡汁用唐紙裹納之

又方

針瘡開口以皂莢細末納之大效

又方

銅錢不以多少醋內蘸火燒九遍細末

又方

千年石灰同和作丁子納瘡口

黃狂（鄉云召西肥）皮肉并骨燒存性細末唐紙裹納孔中亦治骨瘡

又方

用射干（鄉云凡矣扇）削如棗核大以鍼刺瘡作孔去惡汁納之其腫濃出即愈

黃蘗錠

黃蘗皮末　藺茹末（各二分）　細辛末

白鮮皮末（各一）

右和水作錠子如串子大以鍼橫刺瘡作孔納錠子濃出即愈

灸法

熱病馬兩耳伏其馬眼後大血俞量去眼一寸端耳抵處淺針開皮不出血灸三七壯又兩脇自上第三肋一橫大血兩歧中以針暫刮其皮灸三七壯又針尾尖灸三七壯又馬脊末四歧中高骨陷中灸三七壯額上旋毛中以針開皮納銅錢愈

○喉腫門　付口舌瘡

牙消散治馬咽喉腫痛或口內瘡草慢

牛蒡子炒過三兩 天門冬 五倍子炒過各一兩
盐豉 白礬 牙消生用各三兩
右為末每一兩半蜜一兩如口瘡小便澁
盐豉一兩飽嗢之
薄荷散治馬鼻濕鼻內虫出咽喉腫痛作聲
嚼水草稍難草慢病
龍腦薄荷 川芎 紫荷車
黃藥子 白殭蠶 甘草
栝樓根 川甜消 川黃蓮
牛蒡

右等分為末每用藥一兩半新汲水半升
蜜一兩同煎草後灌之

治馬喉腫方
以鍼連柄納竹管中露刃七分刺懸癰
血出即愈

又方
取乾馬糞置瓶子中亂髮覆之火燒馬
糞及髮煙出令熏馬鼻須臾即愈

赴筵散治馬口舌瘡
黃蘗皮　細辛各等分

右細末破處塗之

立效散治馬木舌在外

款冬花　瞿麥　山梔子

地仙草各兩

右為末塗在舌上立差

○打破瘡

丹礬散治打破驢馬梁背并諸處磨擦成瘡

訶子核五箇不用皮肉　白礬半兩　黃丹半兩

右藥先以白礬於銅銚子內鎔作汁入黃丹攪令熬之乾枯着黃丹色紫為度先將

訶子核擣爛便入熬礬黄丹同擣羅爲末

先以温漿水洗瘡更用冷漿水洗之不用

若乾貼藥末細摻蓋遍乾手按過不防乘

騎瘡掞者不過兩上

定粉散治馬花瘡鄉云菌瘡

砒霜一錢　定粉半錢　膩粉炒半錢

菉荳二百顆

右一處不得語杵爲末每用漿水洗過以

使藥貼

又方

生茄切作片子貼瘡上以艾灸貼茄上
茄熱則改貼二十壯瘡痂落

薑礬散治馬打破梁背瘡
白礬二兩 生薑二兩燒成灰
右為同研每貼油調相度瘡大小使藥如
瘡濕即乾摻立效

又方
治馬髻瘡（髻鄉云甘多會）凡馬為物所傷髻內
腫潰膿出
藺茹 白芍藥

右等分細末以紙裹納深則作錠納之

又方　治馬脊打破瘡

用馬脚下屎屎濕稀泥塗之乾即易之

或螬中青臭泥亦可已破成瘡者用黄

丹枯白礬及生薑三味燒灰存性等分

為末入麝香小許真麻油調傅已成濃

者先用漿水同葱白煎湯洗浄傅前藥

附後方　六畜瘡焦痂麪膠封之即落

○瘙蹄門

丹砂散治馬瘙蹄

砂硇一兩 黃丹二錢

右件藥二味同研細先用羊脛骨髓調搭

紫礦膏生馬蹄

紫礦 黃蠟各四兩 黃丹

白膠香 木鱉子已上各半兩 臘脂頭髮三錢

酥半兩 菜油四兩

右件藥八味一處慢火熬頭髮盡為度盛

在磁器中蹄上侵毛搭一遭三月五日一

上

如聖膏生馬蹄

好豬脂四兩熬油去滓生薑搗一兩胡桃仁半兩燒灰
爐甘石一兩為末
右件藥四味一處慢火熬成膏先洗過蹄
拭乾用藥靠先搭一遭三兩日一次上
木鼈子膏生蹄
豬脂半斤黃蠟半斤紫礦三錢
頭髮三兩燒灰木鼈子五箇為末乾地黃半兩為末
枇杷葉半兩為末
右件藥七味先將豬脂熬油去滓次入餘
藥再熬成膏入瓷器內塗於紙上條貼

乏血黑藥子治馬瘡口糞久不較或磨刺破
瘡

草烏頭不拘多少

右用醇麴裹之候乾燒存性用撓台於地
上良久去火毒候冷取出為細末乾貼即
愈

乳香散治乾濕瘡

烏賊魚骨三兩 白礬二兩 乳香半兩

右件藥三味細擣羅為末濕瘡淨洗貼乾
瘡用油調摻

治馬瘙蹄方

以刀刺馬踠叢毛中血出愈

又方

融羊脂塗瘡上以布裹之

又方

紋魚濃煮塗之

又方

以湯淨洗燥拭之嚼麻子塗之以布帛裹三度愈

又方

巴豆三十介用真油煎削去毛塗之即
愈

又方

剪去毛以塩湯淨洗去痂燥拭之煑人
尿令沸熱塗之即愈

又方

先以酸泔清洗淨然後爛煑猪蹄取汁
熱洗之差

○疥瘡門

東人經驗治馬疥

蕳茹　藜蘆　葳靈仙

右等分細末和如淡粥塗之

又方　層層木油塗

又方　猛灰二斗白朮爛擣一斗水二盆煎至
一盆稍熱塗之不過三度永差更無復
發

又方　苦參　白頭翁各三斤水五盆煎二盆紅
椒苦楝各皮末和溫洗之

又方　用好釅醋調石灰熱搭大妳

又方　研芥子塗之

又方　生漆木切作束如炬以火燒取油塗瘀瘡一二度雖積年瘀瘡見效

○雜病門

消黃散　暑月躍馬

大黃　黃芩　梔子

黃蓮（代地黃）　黃蘗　滑石

甘草　桔梗　栝樓根
薄荷葉
右等分為末蜜水嚾每服二兩隔一日一
服
治馬腿骨鮮（挪云都或出）以繩繫不病脚腿子上
砧杵輕打傷處三下不入則騎急行四五步
許還入
治牛馬百病
柳葉生牛乳同擣爛丸如彈子曬乾用
時擣為細末仍和生牛乳灌之神效

治馬遙行遠路傷血入腹肚請醬和醋一升灌之

又方治馬百病

大黃半茶盞　蜜一盞　豬膽大者一分 小者一錢

右大黃碾極細用水一椀浸重次日先入豬膽參攪均入蜜再攪均嚾之春一月兩服夏秋一月三服

又方治馬急起臥病

一取壁上多年石灰細末二兩用油一大鍾酒一鍾半調嚾之

又方治馬落兒後

虀三斤　生葱十斤去鬚　麩麦五合

右水半盆同煎待冷徐徐灌之

新編集成馬醫方卷終

國家圖書館出版品預行編目資料

動物疾病治療驗方-馬篇 / 趙浚等編撰. -- 初版.
-- 臺中市：文興出版，2005〔民94〕
面；　　公分. --
（中國獸醫藥叢書；1）
ISBN 986-81200-2-0（平裝）
1. 馬 - 疾病與防治

437.4　　94007846

中國獸醫藥叢書 1　　SE001

動物疾病治療驗方（馬篇）

編者：趙浚、金士衛、權仲和、韓尚敬
出版者：文興出版事業有限公司
地址：臺中市西屯區漢口路2段231號
電話：(04)23160278　傳眞：(04)23124123
發行人：洪心容
總策劃：黃世勳
執行監製：賀曉帆
美術編輯：林士民
封面設計：林士民
印刷：上立紙品印刷股份有限公司
地址：臺中市西屯區永輝路88號
電話：(04)23175495　傳眞：(04)23175496
總經銷：紅螞蟻圖書有限公司
地址：臺北市內湖區舊宗路2段121巷28號4樓
電話：(02)27953656　傳眞：(02)27954100
初版：西元2005年6月
定價：新臺幣180元整
ISBN：986-81200-2-0

郵政劃撥
戶名：文興出版事業有限公司 帳號：22539747